3D打印材料及典型案例分析

主　编　吴姚莎　陈慧挺
副主编　王丽荣　曾　佳
参　编　刘晓飞　张　堃

机械工业出版社

3D 打印技术是正在迅速发展的一项集光、机、电、计算机、数控及新材料等学科于一体的先进制造技术。本书内容包括 3D 打印材料和 3D 打印应用两个部分：第一部分介绍 3D 打印主流材料及其部分新型材料，主要内容包括金属材料、高分子材料、光敏树脂材料、无机非金属材料等；第二部分介绍部分典型 3D 打印应用，主要内容包括金属 3D 打印典型应用和光敏树脂 3D 打印典型应用。本书内容实用，通俗易懂，注重培养读者的专业能力与解决实际问题的能力。

本书符合激光加工与检测、3D 快速成型等行业岗位的职业技能需求，可供职业院校的光电技术、智能制造、精密模具等专业的师生应用，也可供从事光电技术、智能制造、精密模具等研究与应用的工程技术人员参考和短期培训使用。

图书在版编目（CIP）数据

3D 打印材料及典型案例分析/吴姚莎，陈慧挺主编. —北京：机械工业出版社，2021.8（2024.4 重印）

ISBN 978-7-111-68877-8

Ⅰ.①3… Ⅱ.①吴… ②陈… Ⅲ.①立体印刷-印刷术-教材 Ⅳ.①TS853

中国版本图书馆 CIP 数据核字（2021）第 161965 号

机械工业出版社（北京市百万庄大街 22 号 邮政编码 100037）
策划编辑：付承桂 责任编辑：付承桂 杨 璇
责任校对：王 欣 封面设计：马若濛
责任印制：邓 博
北京盛通数码印刷有限公司印刷
2024 年 4 月第 1 版第 4 次印刷
169mm×239mm · 8.25 印张 · 148 千字
标准书号：ISBN 978-7-111-68877-8
定价：45.00 元

电话服务
客服电话：010-88361066
010-88379833
010-68326294

网络服务
机 工 官 网：www.cmpbook.com
机 工 官 博：weibo.com/cmp1952
金 书 网：www.golden-book.com
机工教育服务网：www.cmpedu.com

PREFACE

前言

3D 打印技术，即增材制造，是近年来迅速发展起来的一项集光、机、电、计算机、数控和新材料等学科于一体的、全新的数字化制造技术。美国《时代》周刊已将 3D 打印列为“美国十大增长最快的工业”之一。3D 打印技术目前已被广泛应用于汽车制造、航空航天、建筑、教育科研、卫生医疗以及娱乐等领域，受到制造业及各类用户的普遍重视。为落实国务院关于发展战略性新兴产业的决策部署，加快推进我国增材制造（3D 打印）产业健康有序发展，随着“中国制造业 2025”规划的出炉，国家工信部出台《国家增材制造产业发展推进计划》，提出加快 3D 打印技术专业人才的培养。

3D 打印技术的核心是装备和材料。在我国，3D 打印装备经过十几年的发展已形成了较成熟的系列产品，部分指标达到国际先进水平。但随着 3D 打印技术发展及其应用领域的不断扩展，其材料问题日渐凸显。目前，3D 打印材料有高分子材料、金属、陶瓷及复合材料等，而得到实际应用的也就 100 多种，且性能有限、价格昂贵。因此，现有 3D 打印材料已无法满足实际应用的需求，这成为制约 3D 打印技术发展的主要瓶颈之一。

本书内容共 8 章。第 1 章 3D 打印概述，主要包括 3D 打印技术和材料的研究现状；第 2 章介绍金属材料，包括钛合金、铝合金和不锈钢等；第 3 章介绍高分子材料，包括聚乳酸和聚碳酸酯等；第 4 章介绍光敏树脂材料，包括环氧树脂和丙烯酸树脂等；第 5 章介绍无机非金属材料，包括陶瓷材料和石膏材料等；第 6 章介绍生物材料，包括医用金属材料和医用无机非金属材料等；第 7 章介绍新型材料；第 8 章介绍典型 3D 打印应用，包括金属 3D 打印典型应用和光敏树脂 3D 打印典型应用等。

本书由中山火炬职业技术学院吴姚莎和陈慧挺主编，中山火炬职业技术学院王丽荣、宁波职业技术学院曾佳任副主编，中山火炬职业技术学院刘晓飞和张堃参编。

在本书编写过程中，参考了大量的相关资料，在此表示衷心感谢！

由于编者水平有限，书中的疏漏和错误在所难免，恳请读者和专家批评指正，多提宝贵意见，使之不断完善。

编　者

CONTENTS

目录

第1章　3D打印概述

1.1　3D打印技术简介

3D打印也称为增材制造（Additive Manufacturing，AM），是一种以数字模型文件为基础，运用粉末状金属或塑料等可黏合材料，通过逐层打印的方式来构造物体的技术。3D打印机出现在20世纪90年代中期，即一种利用光固化和纸层叠等技术的快速成型装置。它与普通打印机工作原理基本相同，打印机内装有液体或粉末等“打印材料”，与计算机连接后，通过计算机控制把“打印材料”一层层叠加起来，最终把计算机上的图样变成实物。3D打印技术的出现，被认为是“一项将要改变世界的技术”，引起全世界的关注。随着科技的不断进步，新材料的不断研制成功，3D打印应用领域得到不断拓展，使其不再局限于制造领域，引领了社会变革的潮流。

1.2　3D打印技术分类

3D打印技术具有巨大的市场应用前景，近年来在世界范围内逐渐成为研究热点，在许多国家的工业制造中得到了广泛的应用，催生出一个全新的技术领域。作为一种快捷简便的成型技术，在产品原型设计、模具的制造、艺术创作生产、珠宝精细制作等领域都有涉及，3D打印在这些领域的发展用于替代一些传统的复杂精加工工艺。此外，近年来3D打印技术备受关注，飞速发展，逐渐适用于航空航天、医学、工业、电子加工等领域，为新时代创新发展开拓了广阔的空间。当前该技术的研究集中在打印成本的降低，打印精度的提高，打印出产品的强度、刚度的增强，打印时间的缩短四个方面。

目前的3D打印技术主要可以分为以下几种类别：熔融沉积快速成型（Fused Deposition Modeling，FDM）；选择性激光烧结（Selective Laser Sintering，SLS）；

立体光刻/光固化快速成型（Stereo Lithography Apparatus，SLA）；三维粉末黏接（Three Dimensional Printing and Gluing，3DPG）；激光选区熔化（Selective Laser Melting，SLM）；分层实体制造（Laminated Object Manufacturing，LOM）；电子束选区熔化（Electron Beam Melting，EBM）；电子束熔丝沉积成型（Electron Beam Freeform Fabrication，EBF）；金属激光熔融沉积（Laser Direct Melting Deposition，LDMD）。

1）熔融沉积快速成型（FDM）是将预先制备好的丝状的热塑性高分子材料在一定温度下熔融，施加压力使其通过具有一定口径的喷头挤压出来，层层堆积并冷却固化。所采用的热塑性高分子材料包括丙烯腈-丁二烯-苯乙烯（ABS）、聚碳酸酯（PC）、聚砜（PSF）、聚乳酸（PLA）等。成型时，首先在喷头中加热使丝状高分子材料熔融具有流动性，再加压使其从喷嘴挤出，随着打印机控制喷头的矢量移动，熔融的高分子材料在基座上逐渐涂覆堆积，并在空气中冷却，进而达到快速固化的目的。经过多次循环，反复打印得到三维产品。FDM 的整个系统构造原理简单，操作摆脱了烦琐复杂的工艺，设备维护成本较低，系统安全系数高，所采用的打印材料通常是绿色环保的高分子聚合物，可在多种环境中安装使用，成型工艺简洁干净，操作方便，不产生废料。

2）光固化快速成型（SLA）是目前 3D 打印快速成型技术中最引人瞩目的一种方法，关于 SLA 的研究较为系统细致，技术最为成熟。SLA 技术具有成型速度快、原型精度高等优势，非常适合制作精度要求较高、结构复杂的模型。SLA 所采用的打印原料一般为液态的光敏树脂，成型原理是通过一定波长的光源辐照，引发打印原料中的化学交联反应进而使其快速凝固，逐层堆叠得到最终的固化打印件。其中打印原料的性能、打印件固化程度的好坏对成型零件的力学强度、稳定性具有直接影响，一定程度上制约着 SLA 技术的发展前景。

3）分层实体制造（LOM）的原料通常是片状或薄膜材料，如常见的纤维素纸、金属箔（铜箔、铝箔等）、高分子膜等。成型时，首先用热熔胶涂敷在原料表面，根据所需模型的每个截面进行切割并层层黏接，进而实现打印件的立体成型。该方法具有成型速度快、适合大尺寸零件成型的优点，缺点在于原料浪费较为严重，打印件的表面质量较差。

4）电子束选区熔化（EBM）与以上几种打印技术的最大不同在于成型过程处于真空环境下，并以金属粉末为材料源，采用电子束为能量源，将金属粉末在粉末床上不断均匀铺展的同时用高能电子束扫描加热使其熔融，熔融的金属液体相互汇聚凝固，反复重复这一过程实现完整金属部件的打印。这是目前少数可用于金属零件成型加工的 3D 打印技术，并且制备出的金属零件结构精细、综合性能良好，然而组成打印设备的粉末床和真空腔室的尺寸限制着金属打印件的尺寸。

5）激光选区熔化（SLM）的成型原理与电子束选区熔化类似，同样是基于金属粉末在粉末床上铺展和熔融，不同之处在于采用激光束代替了电子束，由于激光高精度、高能量的特性，通过这种打印技术可以打印出结构更为复杂、性能更为优异、表面形貌良好的金属零件，但目前这种技术的缺点是无法成型出大尺寸的零件。

6）金属激光熔融沉积（LDMD）与 SLM 技术类似，采用高能激光束为热源，采用自动送粉设备将金属粉末准确地输送到激光在成型表面上所形成的熔池中。随着激光束的矢量移动，实现粉末的不间断熔融和固化，进而得到打印的金属模型。相比于 EBM 和 SLM，LDMD 的优势在于可以制备大尺寸的金属部件，但缺点在于成型精度较差，无法制备具有复杂结构的零件。

7）电子束熔丝沉积成型（EBF）是采用电子束为加热源，预制的金属丝为原料，为了避免金属的氧化，同样需要在真空环境下操作。成型时，通过送丝装置将金属丝按照一定轨迹送入熔池，熔融后固化。该方法成型效率高，成型后的零件内部质量好，但精度较差，对原料的塑性要求较高。

1.3　3D 打印的原理

1.3.1　熔融沉积快速成型

熔融沉积快速成型是发展最早、应用最广、技术最为成熟的 3D 打印技术，优点在于打印系统构造简单、操作简便、成本低廉、适用于多种材料的打印、原料利用率较高。熔融沉积快速成型的原理如图 1-1 所示。送丝系统将打印丝送入打印喷头内加热熔融，通过加压使熔融的材料通过一定直径的喷头挤压出来，随着计算机程序控制喷头在三维方向上进行矢量运动，挤出的物料在工作台上进行选择性沉积，物料经过空气冷却固化，逐层黏接形成立体三维结构。

1.3.2　选择性激光烧结

SLS 技术的原理为分层叠加，在计算机程序的调控下，利用高能激光将金属粉末材料熔融烧结、实现逐层堆积成型。选择性激光烧结的原理如图 1-2 所示。首先，采用计算机软件绘制要打印样品的三维实体模型，导出文件。打印时对粉料预热，当原料的温度达到设定值后，通过粉缸的上升由滚轮带动粉末原料均匀铺展在工作台上，操作计算机软件控制设定功率的激光束使其按照一定的速度和轨迹运动对粉末截面进行层层扫描。在高能激光的扫描下，粉末原料熔融后烧结，尚未接触激光的粉末作为与下一层粉末的支承层。待各层次的粉末都烧结以后，工作台将根据粉末层的厚度依次下降，实现逐层烧结，整个过程不断地循环，直到获得最终的打印部件。

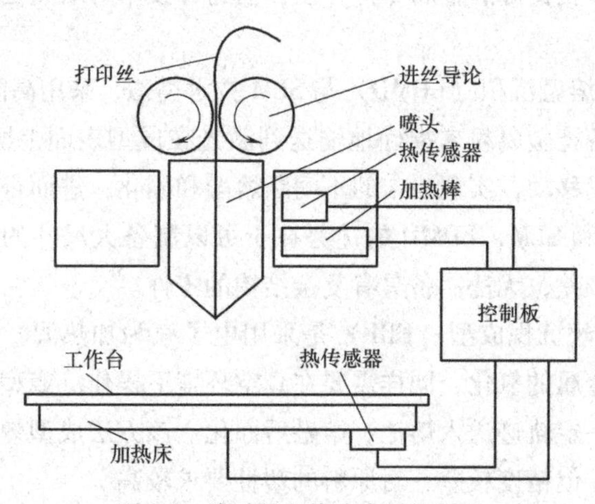

图 1-1　熔融沉积快速成型的原理

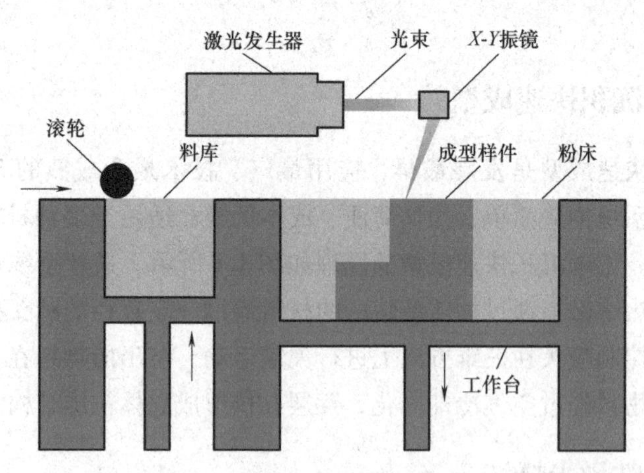

图 1-2　选择性激光烧结的原理

相比其他传统的成型技术，SLS 将金属部件的加工从刀具、压具、模具等器材中解放出来，并可以轻松实现具有复杂内部结构零件的快速成型，制造难度和成型周期远远小于传统工艺。此外，可用于 SLS 技术的原料范围广泛，只要是经过高温可以熔融黏结的粉体材料均可用于 SLS 成型，并且 SLS 工艺简单、材料利用效率高。

1.3.3　光固化快速成型

光固化 3D 打印技术是通过向原料中引入光引发剂，在材料打印的过程中通过紫外光等特定波长的光照使材料迅速固化成型。这种技术成型速度快、精度高，非常适合制作精度要求高、结构复杂的原型。而且就发展来看，光固化快速成型技术相对成熟，应用广泛，无疑是最具发展潜力的一种 3D 打印技术。但目前的光固化 3D 打印也存在一些缺点，如打印产物韧性较差，可打印的树脂种类较少。图 1-3 所示为光固化快速成型的原理。用特定波长的紫外光辐照液态光敏树脂，激发引发剂发生自由基反应进而交联固化，层层堆叠得到三维实体。

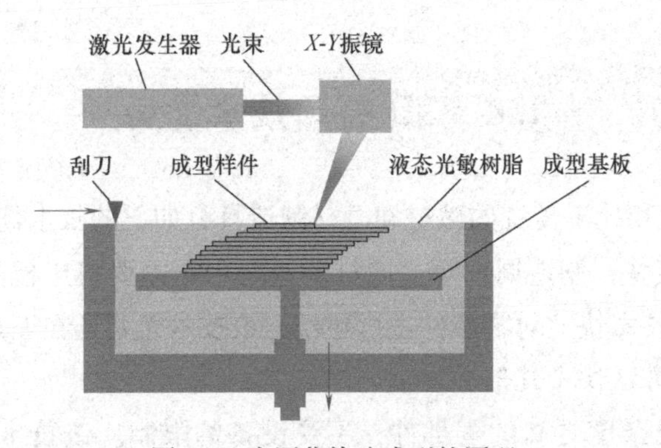

图 1-3　光固化快速成型的原理

1.3.4　分层实体制造

分层实体制造（Laminated Object Manufacturing，LOM）自 1991 年被提出以来得到了快速发展。其基本工作原理是将纸板、薄膜等耗材通过热熔胶黏在一起，通过计算机采集的三维模型的切片信息控制激光切割系统将工作台上的耗材进行三维模型轮廓的切割，并将非轮廓区域切成微小的网格以方便后续废料的处理，在一层轮廓切割完成之后继续黏结新的耗材进行三维模型轮廓的切割，重复上述过程直至制件加工完成。LOM 技术相比于其他增材制造技术，具有加工制件翘曲变形小、尺寸精度高等优点。图 1-4 所示为分层实体制造的原理。

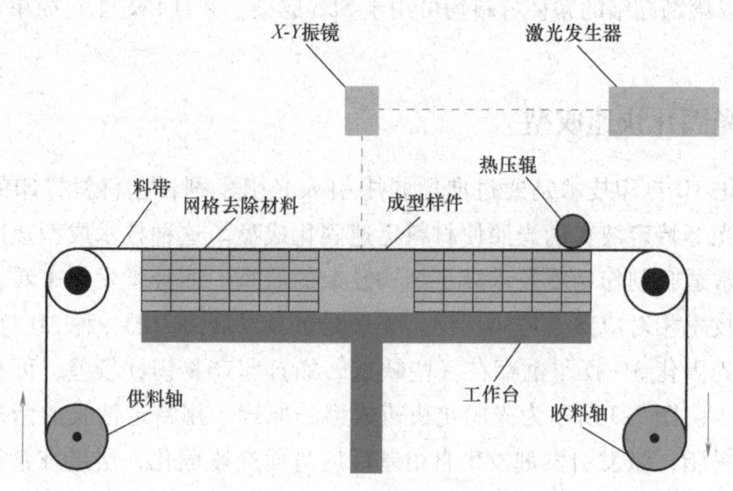

图 1-4　分层实体制造的原理

1.4　3D 打印技术优势

3D 打印技术相比于传统的减材和等材制造具有如下的技术优势。

1）成型速度快，制造周期短。增材制造技术不需要机床模具，而是借助于计算机辅助设计技术快速对零部件进行建模，该技术尤其是在新产品开发方面比传统的制造工艺方法快十几倍。

2）可加工复杂度更高的零部件，不受设备的限制。该技术是将复杂的 3D 实体模型转换为 2D 截面，进而通过设备进行打印制造，这对于制造内腔复杂或者多孔结构的零部件尤其适合。

3）操作简单、工作环境更为舒适安全。

4）材料利用率高，可备选材料多，更能满足对不同材料零部件的需求。3D 打印材料一般为热塑性材料，如塑料、蜡、金属粉末、陶瓷粉末等。

1.5　3D 打印技术的应用

由于 3D 打印成本低廉、设计简便、原料利用率高等明显的优点，问世以来，逐渐应用于多个传统制造领域。常见的塑料、金属、陶瓷等材料均可以实现 3D 打印成型。尤其是对于具有复杂精细结构，采用传统制造技术很难或不可能实现制造的零件，应用 3D 打印可以提升制造效率，降低其制备成本。甚至在高端领域如航空航天，已经实现用3D打印制备一些金属零部件，包括航空镁钛合金和其他一些高温合金等，证明了3D打印技术的可靠性。然而这些应用的成本较高，目前难以在民用领域推广。相对于打印难度较大的金属材料，热塑性的聚合物材料更易于加工，因此目前使用最多的3D打印材料均为PLA、ABS等热塑性高分子材料。

近20年来，3D打印技术飞速发展，逐渐应用于产品原型设计、模具制造、医疗器械、珠宝制作等传统制造业领域，逐渐替代了传统加工工艺。如图1-5所示，从市场份额分布百分比来看，3D打印技术应用在消费品电子产品领域占24.1%，在汽车领域占17.5%，在医疗牙科领域占14.7%，在商业机器领域占11.7%，在航空航天领域占9.6%，在科研技术领域占8.6%。

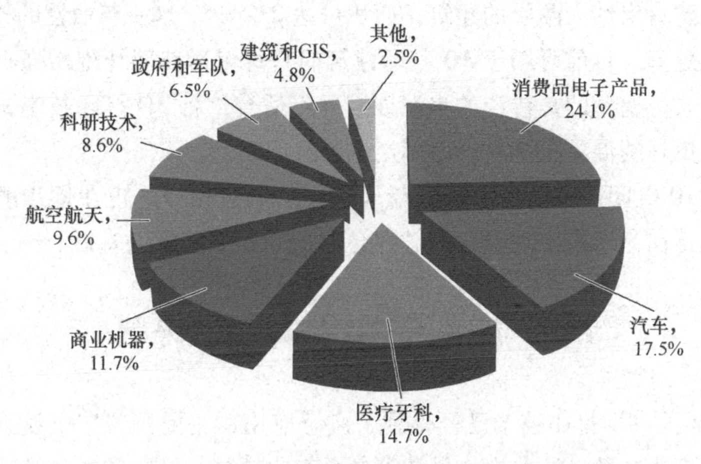

图1-5 3D打印技术在各领域发展状况

在医疗领域，3D打印技术可以替代传统的技术实现包括骨骼、牙齿、心脏支架等在内的快速精确成型。陈鹏等利用三维可视颌骨数字化重建及3D打印技术制作各种骨骼模型，制备出的上下颌骨缺损修复体模型机，通过体外重建颌骨缺损的模型来模拟外科操作手术，可以加深对颌骨等病变治疗原则的理解。S. H. Won等采用3D打印技术实施了置换手术，使髋关节置换手术更加精准，手术时间大大缩短。S. Bose等采用3D打印技术，研究了磷酸三钙对骨缺陷方面的修复应用。此外，3D打印技术也可以用于前沿的分子生物学研究，如蛋白质结构的解析。人体内的蛋白质种类繁多，结构极其复杂，目前科学家可以采用冷冻电镜等方法解析出蛋白质分子三维立体结构，再借助于3D打印技术，可直接制备出蛋白质立体模型，更直观地展现蛋白质结构，为蛋白质的结构认知提供了新的途径。

在航空航天领域，3D 打印技术已经成为一种关键技术，可以极大地提高飞行器设计和制造效率。目前，3D 打印技术已经用于导弹、飞行器、航天器、卫星的零部件制造。例如：欧洲空中客车公司已经采用 3D 打印技术制备出上千个飞机零件，将其用于大飞机制造上。此外，3D 打印技术甚至可以用来设计生产航空发动机这种极其精密仪器的零部件。例如：英国罗·罗公司就采用 3D 打印技术制造了部分用于生产 Trent XWB-97 发动机的钛合金零件。采用 3D 打印技术在航空航天领域，一方面可以通过简便的结构设计使零件更加轻量化，另一方面极大地提高了生产效率，因此具有良好的发展前景。

在建筑领域，3D 打印技术已经可以实现混凝土砂浆的打印成型。美国航天局联合南加州大学共同开发了新型 3D 打印“轮廓工艺”，采用这种技术，可以在一天之内建造出约为两层的建筑，面积可达 232 m^2。这一革命性的技术极大地提高了建筑效率。目前可用于 3D 打印建筑的基材包括玻璃纤维增强石膏和玻璃纤维增强砂浆。遗憾的是传统的水泥砂浆并不适合这种 3D 打印技术，未来需要开发和改进更好的混凝土基材，以满足这种打印需求。

总之，3D 打印技术已经渗透到越来越多的制造领域，正在逐步颠覆传统的制造观念，正在为未来实现真正的“绿色制造”打下坚实的基础。

1.6 国内外 3D 打印技术现状

目前，国外 3D 打印技术已经得到了广泛应用，主要涵盖航空航天、汽车制造、医疗、工业产品设计、生物科技等各个产业领域，且在各类产品的智能制造方面占有较高的比例。

自 1986 年 Hull 发明第一台 3D 打印机以来，国外关于 3D 打印技术的研究与开发取得了较大成果。2000 年美国 Zcorp 公司与日本 Riken Institute 联合研制出彩色 3D 打印机。2010 年美国 Organoxo 公司联合澳大利亚 Invetech 公司合作，尝试以活体细胞为原料打印人体组织器官，是 3D 打印技术在医疗产品领域的重大突破性进展。2015 年，澳大利亚莫纳什大学通过激光选区熔化成型方式打印了世界上第一个全金属航空发动机。为解决疫情防控中应急物资短缺的难题，美国、意大利等国纷纷利用 3D 打印机生产呼吸机配件、个人防护面罩，甚至还创建了 3D 打印在线论坛，用于政府、医院、非政府组织发布需求以及业内人士分享经验等。3D 打印技术在全球疫情防控中发挥的作用，反映出这项技术普及度的提高和应用领域的扩展。根据 2020 年 3 月赛迪顾问发布的《2019 年全球及中国 3D 打印行业数据》，2019 年全球 3D 打印产业规模达 119.56 亿美元，增长率为 29.9%，同比增长率增加 4.5%。

美国仍是全球 3D 打印最大的市场。2019 年美国 3D 打印产业规模占全球比重为 40.4%，德国仅次于美国，我国位居第三。

我国 3D 打印起步较晚，近几年抓紧自主创新和研发，虽然和国外的技术还有一定差距，但也一步步朝着精细化和专业化发展。当然，国内巨大的市场潜能，也吸引了不少国外 3D 打印行业巨头的目光和投资，进一步推动了中国 3D 打印产业的发展。

1.7　3D 打印材料要求及分类

3D 打印（增材制造）是对传统制造模式的颠覆和完善，其产品性能主要取决于粉体材料的性能。从某种意义上说，3D 打印最关键的不是制造，而是材料研发，即材料的发展决定着 3D 打印能否有更广泛的应用。3D 打印对原料的要求比较苛刻，满足制备工艺的适用性要求所选的材料需要以粉末或丝棒状形态提供。对于粉体材料，除表面质量控制外，一般要求粉末要具有高球形度，以保持良好的流动性。目前全国乃至全球增材制造市场呈现蓬勃发展的趋势。据 IDC（International Data Corporation）预测，按照全球增材制造产业在 2016—2020 年之间保持的 22.3%年复合增长率计算，在 2025 年全球增材制造产业可能产生高达 2000 亿~5000 亿美元的经济效益，届时增材制造专用粉体材料也将得到更广泛的使用，产业化前景光明。

目前，3D 打印材料主要包括金属材料、高分子材料、陶瓷材料和各种复合材料等。下面将对各种材料进行概述，具体详情后文会一一详细介绍。

1.7.1　金属材料

作为金属 3D 打印核心技术之一，3D 打印用金属材料粉体应同时具备粒径分布适中、球形度高、流动性好、松装密度高及优异的可塑性和焊接性等要求。目前金属 3D 打印粉体的制备方法主要包括气雾法、水雾法和等离子球化法。其中，由于气雾法制备成本低、粉体球形度较高、粒径可控等优点，成为市场粉体制备主流工艺。等离子球化法制备的粉体球形度高（95%以上）、氧含量低，但设备价格昂贵且出粉效率低，主要适合难熔合金和高活性金属打印粉制备。

目前常用的金属打印材料主要包括铁合金、钛及钛合金、镍合金、钴铬合金、铝合金、铜合金及其他贵金属等。

铁合金是 3D 打印金属材料中研究较早、较深入的一类合金。对铁合金而言，因其具有资源丰富、价格低廉等特点，广泛应用于各类工业制造和居民生活中。较常见的3D打印用铁合金有工具钢、不锈钢、高速钢和模具钢等。铁合金使用成本较低、硬度高、韧性好，同时具有良好的机械加工性，特别适合模具制造。3D打印随形水道模具是铁合金的一大应用，传统工艺异形水道难以加工，而3D打印可以控制冷却流道的布置与型腔的几何形状基本一致，能提升温度场的均匀性，有效降低产品缺陷并提高模具寿命。德国Dresden大学采用激光3D打印直接制备FeCrMoVC刀模具，该模具致密度高、无裂纹，与传统工艺相比，其开模时间大大减少。

铝合金因具有良好的高温性能、高的比强度及低的热膨胀系数等优势，在航空航天、石油化工及汽车工业领域等有着广泛的应用前景。铝合金材料的种类很多，目前应用于SLM成型的常见体系有Al-Cu-Mg、Al-Mg-Sc-(Zr)、Al-Zn-Mg、Al-Si等。英国Nottingham大学的Aboulkhair等人通过改变扫描间距、扫描速度及扫描策略等加工工艺参数，在激光功率100W的情况下，获得了致密度高达99.8%的AlSi10Mg打印件。Kruth等人通过打印纳米TiB_2修饰AlSi10Mg的铝合金复合材料，制备了纳米级TiB_2/AlSi10Mg复合材料，其拉伸断裂强度可与高强铝合金材料7075Al媲美。

钛合金因具有低密度、高强度、优异的耐腐蚀性能和耐高温性能，同时还能与生物具有良好的相容性，因此被广泛应用于航空航天、医疗器械、化工和运动器材等行业。第四军医大学西京医院郭征教授团队采用3D打印钛合金骨盆肿瘤假体植入术，使患者巨大肿瘤切除后的缺失骨盆得到精细化完美重建，解决了复杂部位骨肿瘤切除后骨缺损个体化重建的临床难题。西北工业大学黄卫东教授团队成功利用3D打印制造了用于国产C919飞机上的3m长的钛合金中央翼缘条。北京航空航天大学王华明教授团队采用激光熔融沉积技术制备出TC4钛合金结构件，其室温及高温拉伸、高温蠕变等力学性能均远超传统锻件。美国奥斯汀大学采用INCONEL625超级合金和Ti-6Al-4合金成功制造出F1战斗机和AIM-9导弹的金属零部件。

钴铬合金具有良好的生物相容性、高温力学性能和耐腐蚀性能，主要分为CoCrW和CoCrMo两大类合金，其合金零部件有着强度高、尺寸精确等优点，目前多作为医用材料使用，其在用于牙科植入体和骨科植入体的制造等个性化定制方面具有巨大的应用价值。

以铜、镍等原料的金属3D打印将会得到更大的发展。李伟等人通过3D打印成功制备了B30铜镍合金的样件坯体。结果表明：样件在烧结温度为1150℃时的收缩率达到最大值3.45%，密度达到最大值5.05g/cm^3。而镍合金则主要应用于零部件的修复领域。

镁合金因其阻尼特性和高强度等优良性能，在航空器、汽车等领域得到了广泛的应用。甚至其强度与人骨相当，在外科手术中更有应用前景，在SLM成型中降低热影响区和氧化对镁合金的影响有着重要意义。

1.7.2　高分子材料

高分子化合物又称为高聚物，是一类由数量众多的一种或多种结构单元通过共价键结合而成的化合物。高分子材料是指以高分子化合物为基础的材料。其中，用于3D打印的高分子材料主要是热塑性聚合物及其复合材料。根据组织结构，又将其分为结晶聚合物和非结晶聚合物两种。

非结晶聚合物通常用于制备高精度、一般强度的零部件。可用于3D打印的非结晶聚合物主要包括聚碳酸酯、聚苯乙烯和聚甲基丙烯酸甲酯等。美国DTM公司全球首次将聚碳酸酯成型熔模铸件，但其力学性能较差，可作用性能较差。针对此情况，EOS公司和3D Systems公司推出了以聚苯乙烯为基体的复合粉末。该材料与聚碳酸酯相比，成型温度更低、形变更小、成型质量更加优良，更适合熔模铸造工艺。史玉升团队先后通过浸渗环氧树脂的后处理方法和制备聚苯乙烯/尼龙复合材料来提高聚苯乙烯制件的强度，最终制件性能可满足一般功能件的使用要求。

结晶聚合物具有优异的力学性能，常被用于制备高强度零部件，尼龙是其典型代表。其经激光烧结后，可获得高致密度的制件，力学性能突出，可直接用于功能件，受到科研人员和制造厂商的广泛关注。Tontowi等先后对尼龙体系进行了系统研究，结果表明尼龙是目前3D打印技术直接制备塑料功能件的最佳材料。此外，通过制备尼龙复合材料再进行3D打印，可获得性能更优的制品，满足不同场合、用途对塑料功能件性能的需求。

另外，根据可制备任意结构、个性化定制的特点，使3D打印技术与生物医疗领域需求相匹配。因此，一些具有生物活性或生物相容性的高分子复合材料可直接用于3D打印，如羟基磷灰石与具有生物相容性的热塑性高分子材料（聚乙烯醇、聚乙烯和左旋聚乳酸）复合。

1.7.3　陶瓷材料

陶瓷材料是指用天然或合成化合物经过成型和高温烧结制成的一类无机非金属材料。与金属材料和高分子材料相比，它不仅具有优异的力学性能如高硬度、高耐磨性等，还在电学、热学、光学、生物相容性等方面性能突出，其既可用作结构材料、刀具材料，又可作为功能材料，在工业制造、航空航天、生物医疗等领域有着广泛应用，但其高脆性限制了其在 3D 打印中的应用。现阶段，只有少量的陶瓷材料可用于 3D 打印，如 Al_2O_3、多孔氮化硅、磷酸三钙等。Liu 等通过 PVA 覆膜 Al_2O_3 陶瓷颗粒增加润滑性，制备出 PVA-陶瓷-环氧树脂复合粉末，通过 SLS 断口形貌发现经过覆膜的陶瓷颗粒仍然呈球形，且被同为高分子的环氧树脂与 PVA 黏结牢固。美国 HRL 实验室人员使用 3D 打印方法制造出的超强陶瓷材料不仅可拥有复杂的形状，还能耐受超过 1700℃的高温，未来有望在航空航天和微机电领域大显身手。研究人员认为，这种超强、耐高温的陶瓷材料有望用于制造喷气发动机和极超音速飞机上的大型零件、微机电系统（如微型传感器）内的复杂部件等。美国 Soligen Technology 公司利用黏结材料 3DP 技术，打印陶瓷及金属粉末，并在高温条件下对制件渗入金属，以提高致密度，用于制造铸造用的陶瓷壳体和型芯。

参 考 文 献

[1] 陈鹏，刘冰，魏博，等. 3D 打印技术在颌骨缺损修复重建教学中的应用［J］. 口腔颌面修复学杂志，2015，16（03）：166-168.

[2] 孙晓亮，官建中，周建生，等. 3D 打印技术在髋关节手术中的应用进展［J］. 山东医药，2018，58（23）：108-111.

[3] 余文，孟昊业，孙逊，等. 3D 打印生物陶瓷在骨组织工程中的研究现状［J］. 中国矫形外科杂志，2018，26（14）：1306-1310.

[4] ABOULKHAIR N T，Maskery I，Tuck C，et al. The microstructure and mechanical properties of selectively laser melted AlSi10Mg：The effect of a conventional T6-like heat treatment［J］. Materials Science & Engineering A. 2016，667：139-146

[5] KEMPEN K，THIJS L，VAN HUMBEECK J，KRUTH J P. Mechanical Properties of AlSi10Mg Produced by Selective Laser Melting［J］. Physics Procedia，2012，39：439-446.

[6] 郑凯，于秀淳，郭征，等. 两种钛合金-骨界面的力学生物学研究［J］. 生物骨科材料与临床研究，2014，11（01）：1-5.

[7] 李静，林鑫，钱远宏，黄卫东. 激光立体成形 TC4 钛合金组织和力学性能研究［J］. 中国激光，2014，41（11）：109-113.

[8] 王华明，张述泉，王韬，等. 激光增材制造高性能大型钛合金构件凝固晶粒形态及显微组织控制研究进展［J］. 西华大学学报（自然科学版），2018，37（04）：9-14.

[9] 李伟，王永涛，焦志伟，等. 烧结温度对 3D 打印 B30 铜镍合金制品力学性能影响的研究［J］. 有色金属工程，2020，10（03）：29-34.

第 2 章　3D 打印金属材料

3D 打印技术是一种新型的打印技术，其突出优点在于无须机械加工或任何模具，就能直接从计算机图形数据中生成任何形状的零件，从而极大地缩短产品的研制周期，提高生产率和降低生产成本。3D 打印金属粉末作为金属零件 3D 打印重要的原料，其制备方法备受人们关注。同时因其是产业链重要的一环，价值重大。

目前，金属 3D 打印技术主要有选择性激光烧结（SLS）、电子束选区熔化（EBM）、激光选区熔化（SLM）和激光近净成型（LENS）。其中激光选区熔化成型作为研究的热点，其使用高能激光源，可以熔融多种金属粉末。国外金属 3D 打印机采用的金属粉末一般基于工具钢、马氏体钢、不锈钢、钛及钛合金、铝合金、铜合金、钴铬合金等。

2.1　粉末床熔融金属 3D 打印工艺

金属 3D 直接打印工艺有两大类，也有些非直接工艺或者正在出现的、可能对行业产生深远影响的工艺。一般而言，金属 3D 打印材料的状态只根据特定工艺的输运形式做调整。

激光选区熔化（Selective Laser Melting，SLM）和直接金属激光烧结（Direct Metal Laser Sintering，DMLS）是粉末床熔融金属 3D 打印工艺的典型代表，它们使用高能热源直接作用在粉末床上。SLM 工艺中粉末是完全熔化的，而 DMLS 工艺中粉末只是烧结成整体。

尽管这两种工艺均以高能激光为特征，但 Arcam 公司的电子束选区熔化（Electron Beam Melting，EBM）是 SLM 工艺的特殊情况，它使用电子束来熔化金属粉末。

粉末床熔融金属 3D 打印工艺加工的零件可以几何结构非常复杂，尽管加工过程中需要支撑结构，这意味着加工内部中空结构可能非常困难，因为内部的支撑需要在打印完成后去除。

2.2 直接能量沉积工艺

另外一种主要的金属 3D 打印工艺是直接能量沉积（Directed Energy Deposition，DED），沉积时将金属丝或者粉末送至能量源熔化。对于直接能量沉积工艺，可以一次打印多种材料，且多轴系统使得在已有零件上添加材料成为可能（添加特征或者产品修复）。

有些 DED 工艺需要特制的金属丝或者粉末，也有些可使用市场上用于其他传统工艺的金属丝或者粉末。例如：Sciaky 公司的 EBAM（Electron Beam Additive Manufacturing）工艺使用来自焊接行业的金属丝，采用电子束来快速熔融金属材料。“我们的工艺使用焊丝作为原料”，Sciaky 公司的全球销售经理 John O. Hara 说，“我们的线材是典型的焊丝，它的供应链已存在几十年了”。

使用焊丝意味着 EBAM 工艺可应用市场上大量的材料。“我们最常用的材料包括钛合金、镍合金，表现出非常优秀的锻造性能，我们工艺独特优势在于，如钼、钽、钨、铌等任意难熔金属均表现出优秀的性能和几何成型能力。” John O. Hara 说道。

尽管粉床工艺零件通过处理后致密度可接近 100%，DED 工艺产品的性能更接近锻件。正如 John O. Hara 所说：“Sciaky 公司的金属件近乎是完全致密的，其性能将达到或超越锻造行业的需求，对于任意 3D 打印工艺，结果严重依赖材料和沉积后热处理，这里的完全致密是指，我们能发现的孔（没有什么产品是绝对完美的）是非常微小的，且出现的频率非常低，通常能满足锻件的检测要求。”

DED 工艺的复杂几何造型能力在某种程度上受限，大部分加工是近净成型，需要通过进一步的机加工来得到最终产品。也就是，DED 工艺在几何造型方面有所不足，但胜在加工速度与尺寸。Sciaky 公司制造了当前最大的金属 3D 打印设备。

2.3 其他金属 3D 打印工艺

金属 3D 打印工艺也有黏结剂喷射加工金属件的方法。像 ExOne 公司的设备将黏结剂材料沉积在金属粉末床上。一旦打印完成，原型件需要在炉内进行烧结，黏结剂会被去掉，零件孔隙可以渗入铜，从而得到最终产品。

Fabrisonic 公司使用一种被称为超声波 3D 打印（Ultrasonic Additive Manufacturing，UAM）的增减材混合技术来成型金属箔片。这种工艺在 CNC 切割去除多余箔片前，先进行超声波焊接。这种方法使得结合不同类型的金属成为可能，且由于无熔化过程出现，可以把电子器件封装在零件内部而不用担心损坏它们。

Markforged、Desktop Metal、Admatec 等公司正出现的技术也采用了间接成型形式。对于 Markforged 和 Desktop Metal 公司，它们把金属粉末添加在热塑性基质中，采用类似 FDM 工艺的形式进行沉积打印。打印出的原型件在炉内烧结，会去掉热塑性黏结剂。相反，Admatec 公司把金属粉末与光敏聚合物混合，然后用紫外灯照射来逐层固化，原型件也需要在炉内烧结。

XJet 公司开发了一种喷墨金属 3D 打印技术，其利用打印头喷射金属纳米颗粒墨水，并在加热的成型仓内沉积累计。

2.4　金属粉末的制备

对于粉末床熔融工艺，通常使用高品质的、昂贵的金属粉末。这些粉末通常采用气雾化或者等离子雾化工艺制备，分别通过感应加热或者等离子火炬来熔化金属。熔化金属液注入雾化仓，被高速气流破碎成小液滴，在下落过程中逐渐凝固。

LPW Technology 是一家英国企业，它专注于生产与供应金属粉末、3D 打印控制与监测技术。对于不同的 3D 打印工艺，这家公司采用多种工艺生产不同类型的金属粉末。LPW 公司总经理 John Hunter 认为超过 90%的金属 3D 打印粉末用气雾化工艺制备，等离子方法用来加工更高纯度的粉末，如钛合金、镍合金。

LPW 公司气雾化制粉工艺原理图如图 2-1 所示。

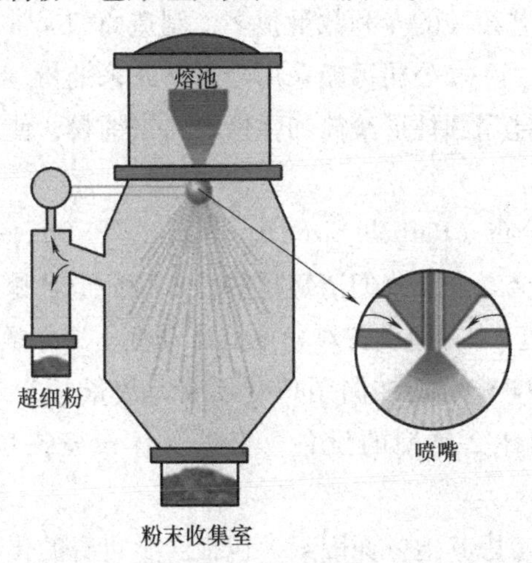

图 2-1　LPW 公司气雾化制粉工艺原理图

LPW 公司等离子雾化制粉工艺原理图如图 2-2 所示。

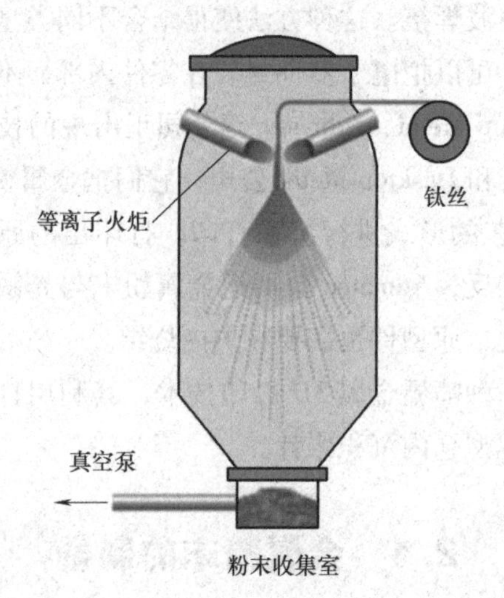

图 2-2 LPW 公司等离子雾化制粉工艺原理图

等离子雾化工艺制备的粉末球形度更高。气雾化工艺也可以制备球形颗粒，但是不那么理想。这两种工艺都与制备注射成型、热等静压和其他应用粉末的水雾化工艺不同，后者用来生产除 3D 打印以外的大部分金属粉末。水雾化工艺制备的粉末更不规则，使得其难以应用于 3D 打印行业，有一部分原因在于 3D 打印对流动性的要求。

DED 工艺使用更粗的粉末，它的粉末粒径可能会超过 100μm；EBM 工艺粉末粒径在 45~100μm，其他粉末床工艺粉末粒径在 10~45μm。

由于和粉末床工艺相关的专利数量很多，制造商们通常采用专有的方法在打印过程中铺粉和填充。一家公司可能采用金属平条来铺粉，依靠重力填充加工区域。另外一家公司可能用圆柱形滚筒和弹性材料来铺粉，使用活塞送料来填充成型室。

“对于粉末粒度分布（Particle Size Distribution，PSD)，LPW 公司向不同设备制造商销售粉末时也会考虑，我们清楚哪些粉末特征适合哪些设备，它们总有些不同”，Hunter 补充道，“有些设备对粉末低流动性不那么敏感”。

基于这个原因，LPW 公司在向用户（不管是终端用户还是研究室）销售材料时，会问用户使用什么类型的设备，根据具体设备提供可接受颗粒范围的粉末。

在制粉时还需要考虑其他方面因素，包括合金自身的化学组成、密度和孔隙率。最后两个因素对 DED 工艺尤其重要，因为粗粉在制备时会有更大的气体容纳空间，导致粉末内部存在气泡。这会使 3D 打印零件内部孔隙量增加，最终导致裂纹产生，影响产品力学性能。

基于这方面原因，LPW 公司除了提供粉末外还提供其他多种服务和产品，包括记录监测粉末质量的软件和传感器，检测和保存粉末的工具，分析材料和解释粉末相关数据的实验室，咨询服务和粉末生命周期管理。

2.5　一种金属粉末生产的代替方法

除了比较传统的 3D 打印金属粉末生产工艺，还有一种电解制备金属粉末的方法，其典型特征是更节能、粉末产出可控性更高。

电解制粉是一种电化学工艺，它把金属氧化物引入到盐池，其通常由熔融氯化钙组成，随着电流通过金属氧化物（作为阴极）和石墨阳极，金属氧化物的氧元素被去掉，最终得到纯净的金属粉末，通过清洁和干燥即可应用。

英国的 Metalysis 公司使用电解法制备金属 3D 打印粉末，其是一家出名的 3D 打印制造商。Metalysis 公司的 CEO Dion Vaughan 称它的工艺相对于其他粉末制备技术有许多优势。

“对于类似等离子雾化的制粉工艺，你得到的是粒径正态分布的粉末”，Vaughan 说，“如果你在制备 3D 打印粉末，实际上你所需要的粒径范围只是你生产的粉末很窄的一部分，如果你一年能制备 100t 粉末，但是对特定的 3D 打印工艺（比如 SLM），能用的粉末只有 10t”。

电解制粉工艺可以很好地控制这一过程，几乎所有的粉末都可以为特定 3D 打印系统准备。因此，如果一家公司在为 SLM Solutions 公司的 SLM 设备生产粉末，你可以调整工艺参数只制备所需粒径范围的粉末，这对于 EOS 设备或者 DED 系统同样适用。

由于电解法的操作温度为 800~1000℃，所需能量比熔化同等质量的金属少很多。“如果你把我们的工艺与传统钛粉制备工艺相比，比如等离子雾化，我们估计你只需要大约 50%的能耗” Vaughan 说道。

能耗的降低对环境比较有利，同时可降低用户的采购成本。此外，电解法可用来制备很大种类范围的金属粉末，不管其熔点有多高。

Metalysis 公司现已发展到其第五代技术，它由研发开始，正准备进行扩展其完全成熟的制粉能力的可行性研究。Vaughan 称第五代制粉系统将基于第四代进行拓展。第四代系统可年产 20t 轻金属粉末和 60t 重金属粉末，而第五代可年产几百到几千吨高价值金属与合金粉末。通过独特的授权模式可以获取这项技术，它可以根据用户的需求灵活调整。

2.6 金属材料

2.6.1 钛

钛是一种银白色的过渡金属，具有金属光泽和良好的延展性，其特征为重量轻、强度高、具有金属光泽，耐湿氯气腐蚀。它的密度为 4.54g/cm^3，比钢轻 43%，比久负盛名的轻金属镁稍重一点。但钛的机械强度可媲美钢，比铝大 2 倍，比镁大 5 倍。钛的熔点为 1668℃，沸点为 3287℃，具有较高的耐高温性能。

钛的性能与所含的碳、氧、氮等杂质含量有关，最纯的碘化钛杂质含量（质量分数）不超过 0.1%，但其强度低、塑性高。

钛合金（图 2-3）是以钛为基础加入其他元素组成的合金。因其密度小、耐高温等特性，使其具有强度高、耐蚀性强、耐热性高等特点而被广泛用于各个领域。

图 2-3 钛合金

1）比强度高。钛合金的密度一般在 4.5g/cm^3 左右，仅为钢的 60%，纯钛的强度接近普通钢的强度，一些高强度钛合金的强度超过了许多合金结构钢的强度。因此钛合金的比强度（强度/密度）远大于其他金属结构材料，可制备出单位强度高、刚性好、质量轻的零部件。目前，飞机的发动机、骨架、蒙皮、紧固件及起落架等皆适用钛合金。

2）热强度高。钛合金的使用温度比铝合金高几百摄氏度，在中等温度下仍能保持所要求的强度，可在 450~500℃的温度下长期工作。这两类合金相比，钛合金在 150~500℃范围内仍有很高的比强度，而铝合金在 150℃时比强度明显下降。钛合金的工作温度可达 500℃，铝合金则在 200℃以下。

3）耐蚀性好。钛合金在潮湿的大气和海水介质中工作，其耐蚀性远优于不锈钢——其对点蚀、酸蚀及应力腐蚀的抵抗力特别强；对碱、氯化物、氯的有机物品、硝酸和硫酸等有优异的耐蚀性。

4）低温性能好。钛合金在低温和超低温下，仍能保持其力学性能。低温性能好、间隙元素极低的钛合金，如 TA7，在-253℃下还能保持一定的塑性。因此，钛合金也是一种重要的低温结构材料。表 2-1 列出了钛及钛合金的常见力学性能。

表 2-1　钛及钛合金的常见力学性能

牌号	室温力学性能，不小于					高温力学性能，不小于		
	抗拉强度 R_m/MPa	屈服强度 $R_{p0.2}$/MPa	断后伸长率 A_5（%）	断面收缩率 Z（%）	冲击韧度 a_k/(J/cm^2)	试验温度 /℃	抗拉强度 R_m/MPa	持久强度 R_{100}/MPa
TA1	343	275	25	50	—	—	—	—
TA2	441	373	20	40	—	—	—	—
TA3	539	461	15	35	—	—	—	—
TA5	686	—	15	40	58.8	—	—	—
TA6	686	—	10	27	29.4	350	422	392
TA7	785	—	10	27	29.4	350	490	441
TC1	588	—	15	30	44.1	350	343	324
TC2	686	—	12	30	39.2	350	422	392
TC4	902	824	10	30	39.2	400	618	569
TC6	981	—	10	23	29.4	400	736	667
TC9	1059	—	9	25	29.4	500	785	588
TC10	1030	—	12	25~30	34.3	400	834	785
TC11	1030	—	10	30	29.4	500	686	588

最常见的 3D 打印钛粉是钛合金 Ti6Al4V（也称为 5 级或 Ti64）和 Ti6Al4V ELI（也称为 23 级或 Ti64ELI）。由于其通用性，5 级钛粉是目前应用最广的钛基粉末。这种材料可被焊接，可以通过热处理提高强度，可以承受高达 300℃的温度，具有很高的比强度和耐蚀性。基于这些原因，5 级钛粉经常被应用于高性能行业，如航空航天、医疗、船舶和化工。

23 级钛粉的纯度和生物相容性更高，它可以做成线圈和线材，仍能保持高比强度、耐蚀性、韧性。这种材料常用于生物医学领域，包括手术器械和植入物（图 2-4）。

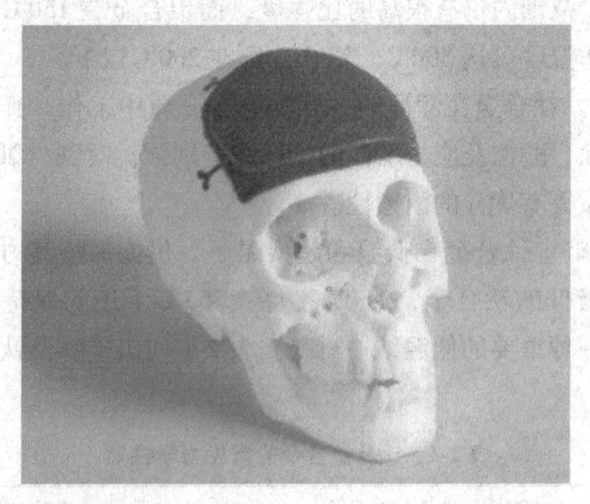

图 2-4 通过 EBM 3D 打印工艺定制的钛合金颅颌面骨植入物

2.6.2 铝

铝是一种银白色轻金属，有延展性。商品常制成棒状、片状、箔状、粉状、带状和丝状。在潮湿空气中能形成一层防止金属腐蚀的氧化膜。铝粉在空气中加热能猛烈燃烧，并发出炫目的白色火焰。铝易溶于稀硫酸、硝酸、盐酸、氢氧化钠和氢氧化钾溶液，难溶于水，密度为 2.70g/cm^3，熔点为 660℃，沸点为 2327℃。铝元素在地壳中的含量仅次于氧和硅，居第三位，是地壳中含量最丰富的金属元素。

铝合金（图 2-5）是以铝为基添加一定量其他合金化元素的合金，是轻金属

图 2-5 铝合金

材料之一。铝合金除具有铝的一般特性外，由于添加合金化元素的种类和数量的不同又具有一些合金的具体特性。铝合金的密度为 2.63~2.85g/cm^3，有较高的强度（R_m 为 110~650MPa），比强度接近高合金钢，比刚度超过钢，有良好的铸造性能和塑性加工性能，良好的导电、导热性能，良好的耐蚀性和焊接性，可作为结构材料使用，在航天、航空、交通运输、建筑、机电、轻化和日用品中有着广泛的应用。

表 2-2 列出了一般工业用铝及铝合金挤压型材的力学性能。

表 2-2　一般工业用铝及铝合金挤压型材的力学性能

牌号	状态		壁厚/mm	抗拉强度 R_m/MPa	规定非比例延伸强度 $R_{p0.2}$/MPa	断后伸长率（%）	
						$A_{5.65}$	A_{50}
				不小于			
6005 6005A	T5		≤6.3	260	215	—	7
	T4		≤25	180	90	15	13
	T6	实心材料	≤5	270	225	—	6
			>5~10	260	215	—	6
			>10~25	250	200	8	6
		空心材料	≤5	255	215	—	6
			>5~15	250	200	8	6

1. 铝材在 3D 打印中特有的性质

1）低熔点。铝的熔点与其纯度有关——99.996%纯度的铝熔点为 660.37℃，99.97%纯度的铝熔点则降低至 659.8℃。此外，其粉末熔点与粒径成正比，粒径越小，熔点越低。因此，3D 打印用铝材的烧结温度远低于其块材。

2）低密度。密度与温度和纯度有关，室温下纯度为 99.996% 的铝密度为 2.6989g/cm^3，可制造轻结构，有“会飞金属”之称。因而在打印制品时所需的支撑要求低于其他金属材料。

3）可强化。纯铝强度不高，冷加工硬化能使其强度提高一倍以上。此外，还可通过添加其他合金元素使其强度提高。

4）塑性好、易加工。可轧成薄板和箔，拉成管材和细丝，挤成各种型材，锻造成各种零件，可高速进行车、铣、镗等机械加工，无低温脆性。

5）耐腐蚀。铝表面上极易生成致密而牢固的氧化铝薄膜，而且被破坏后会立即生成，保护铝不被腐蚀。因此，铝可在大气、普通水、多数酸和有机物中使用。

2. 铝材在 3D 打印中的缺点

1）化学活性高。尤其铝被制成粉体后，随着比表面积的增加，其化学活性也随之增大，极易燃烧，甚至发生爆炸，加工安全性较低。

2）强度低、力学性能一般。

3）铝暴露在空气中后表面易形成氧化铝，导致烧结困难。

铝合金材料在一定程度上克服了上述缺点。铝合金材料具有密度轻、弹性好、比刚度和比强度高、耐磨耐蚀性好、抗冲击性好、导电导热性好、成型加工性能良好以及回收再生性高等一系列优良特性。铝合金材料被应用于诸多领域：因其具有良好的导电性能，可代替铜作为导电材料；因其具有良好的导热性能，是制造机器活塞、热交换器、饭锅和电熨斗等的理想材料；将近半数的铝型材料应用于建筑行业上，如铝门窗、结构件、装饰板等；在其他行业中，铁路耗铝用于机车、车辆、客车制造，铁路电气化也要用铝，公路、港口、内河航运和民用航空等也消耗铝材。

两种最常见的 3D 打印铝合金粉末是 AlSi12 和 AlSi10Mg。两者都是由铝和一些硅组成，AlSi10Mg 中还包含镁元素。两者都是铸造合金，对于制造薄壁和复杂几何零件非常有用。

世界上第一台 3D 打印铝合金吉他如图 2-6 所示。

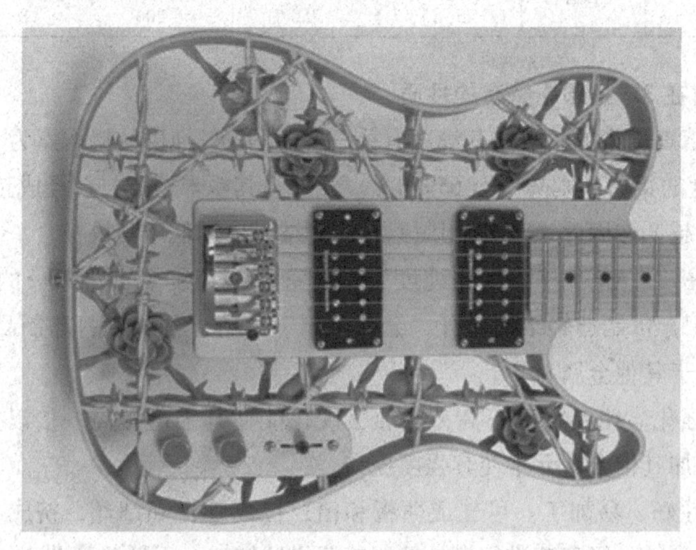

图 2-6　世界上第一台 3D 打印铝合金吉他

这些金属以高强度和硬度为特征，可应用于大载荷环境下。低密度和耐热性使得它们成为制造摩托车或者航天器内部件的理想材料。它们也很容易进行后期加工，包括机加工、焊接、喷丸和抛光等。

2.6.3　钢

钢，是对碳的质量分数介于 0.02%~2.11%之间的铁碳合金的统称。钢的化学成分可以有很大变化，只含碳元素的钢称为碳素钢（碳钢）或普通钢；在实际生产中，钢往往根据用途的不同含有不同的合金元素，如锰、镍、钒等。

钢的种类很多，可分为不锈钢、工具钢、马氏体时效钢三大类。马氏体时效钢通过扩展热处理工艺获得高强度和硬度，却不丧失延展性。这意味着打印完成后很容易进行机加工，可进一步硬化。因此，马氏体时效钢可应用于批量化零件和模具。

不锈钢以高耐磨性、耐久性和耐蚀性出名，其特性如下。

1）耐蚀性好，比普通钢长久耐用。

2）强度高，因而薄板使用的可能性大。

3）耐高温氧化及强度高，因此能够抗火灾。

4）塑性好，可常温加工。

5）表面粗糙度值低，维护简便。

6）焊接性强。

因此，这种金属经常应用于刀具、手术器械领域，也适合有耐酸、耐蚀要求的零件加工。

与马氏体时效钢不同，工具钢具有高硬度、耐磨性和变形抵抗力，能够保持锐利边缘。工具钢常用来制造工具和生产模具。工具钢的高耐磨性可满足成型其他材料的需求。一旦用 3D 打印来加工，可将独特的冷却流道加入到零件内部，优化注塑成型工艺。

用 MX3D 公司技术 3D 打印的自行车钢骨架如图 2-7 所示。

2.6.4　钴

钴是具有光泽的钢灰色金属，熔点为 1493℃，密度为 8.9g/cm^3，比较硬而脆。钴是铁磁性的，在硬度、抗拉强度、机械加工性能、热力学性质、电化学行为方面与铁和镍相类似，加热到 1150℃时磁性消失。

金属钴主要用于制取合金。钴合金是钴和铬、钨、铁、镍中的一种或几种制成的合金的总称。含有一定量钴的刀具钢可以显著地提高钢的耐磨性和切削性能。钴的质量分数在 50%以上的司太立特硬质合金即使加热到 1000℃也不会失去其原有的硬度，如今这种硬质合金已被广泛用于切削铝材。在这种材料中，钴

图 2-7 用 MX3D 公司技术 3D 打印的自行车钢骨架

将合金组成中其他金属碳化物晶粒结合在一起，使合金具有更高的韧性，并减少对冲击的敏感性，这种合金熔焊在零件表面，可使零件的寿命提高 3~7 倍。航空航天技术中应用最广泛的合金是镍合金，也可以使用钴合金，但两种合金的强化机制不同。含钛和铝的镍合金强度高是因为形成了 NiAl（Ti）的相强化剂，当温度高时，相强化剂颗粒就转入固溶体，这时合金很快失去强度。钴合金的耐热性是因为形成了难熔的碳化物，这些碳化物不易转为固溶体，扩散活动性小，在温度 1038℃以上时，钴合金的优越性就显示无遗。这对于制造高效率的高温发动机，钴合金就恰到好处。在航空涡轮机的结构材料中使用铬的质量分数为 20%~27%的钴合金，可以不要保护覆层就能使材料达高抗氧化性。

钴合金广泛应用在生产生活中，其中常见的钴合金有铂钴合金、钐钴合金、锆钴合金、钨钴合金等。

可 3D 打印的钴铬钼合金有多种，它们常表现出高强度、高硬度、耐蚀性等性能。钴经常与铬、钨等元素组合来制作重型切割工具或冲模，也与磁性不锈钢一起用于喷气机或燃气轮机零部件。

通过 CE 认证的 3D 打印钴铬金属冠桥如图 2-8 所示。

2.6.5 镍

镍是近似银白色、硬而有延展性并具有铁磁性的金属，能够高度磨光和耐腐蚀，溶于硝酸后，呈绿色。它主要用于合金（如镍钢和镍银）及用作催化剂（如兰尼镍，尤指用作氢化的催化剂）。

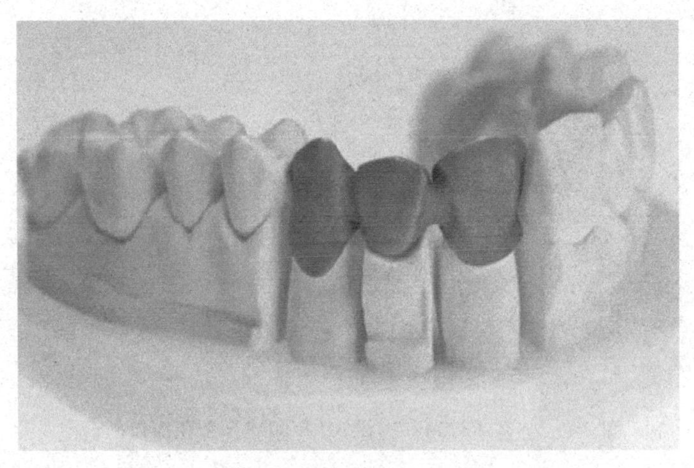

图 2-8　通过 CE 认证的 3D 打印钴铬金属冠桥

镍合金是指以镍为基加入其他元素组成的合金。镍具有良好的力学、物理和化学性能，添加适宜的元素可提高它的抗氧化性、耐蚀性、高温强度和改善某些物理性能，其在 650～1000℃ 高温下兼具较高的强度和一定的抗氧化、耐腐蚀能力。

与铁基高温合金和钴基高温合金相比，镍基高温合金不易析出有害相，可在高温高应力环境下工作。因其具有良好的高温力学性能及良好的抗氧化、耐热腐蚀性能，近年来备受关注。

Inconel 718、Inconel 625、HX（都是由镍、铬元素组成）是最常用的 3D 打印镍合金。这些材料耐高温、耐氧化、耐腐蚀，在高达 1200℃ 环境下仍表现出高强度。镍合金零件的焊接性优秀，可通过后期热处理进一步提高强度。这些材料被应用于航空和赛车行业，尤其是有显著高温和氧化风险的环境下，如燃烧室和风扇。空客 A320neo 客机 3D 打印镍合金孔探仪凸台如图 2-9 所示。

在高温环境下，尽管 Inconel 625 比 Inconel 718 的耐蚀性和稳定性更高，但后者的强度和传导性是前者的两倍。三种材料中哈氏合金的焊接性可能是最好的。

粉末制造商 AMA（Additive Metal Alloys）的一位代表曾说过，尽管 AMA 公司制造多种类型粉末，但是镍合金是 AMA 的一大重点。位于 GE Aviation 俄亥俄州工厂附近，AMA 将航空作为镍合金的一大市场。

“钛的耐热性没那么强，但是密度小、强度高，也就是比强度非常高”，该代表解释道，“镍合金密度比较大，但由于其优秀的耐热性，其适合在发动机内部工作”。

图 2-9　空客 A320neo 客机 3D 打印镍合金孔探仪凸台

2.6.6　铜

铜的密度为 8.92g/cm^3，熔点为 1083.4℃，沸点为 2567℃，有很好的延展性，导热和导电性能较好。铜是柔软的金属，表面刚切开时为红橙色带金属光泽，单质呈紫红色。铜在电缆和电气、电子元件中是最常用的材料，也可用作建筑材料，可以组成多种合金。铜合金力学性能优异，电阻率很低，其中最重要的是青铜和黄铜。此外，铜也是耐用的金属，可以多次回收而不破坏其力学性能。

铜在 3D 打印行业的应用并不常见，但仍有一些公司在为粉末床熔融工艺开发铜合金粉末。此外，DED 工艺可能已将铜用于焊接行业。和银相比，铜的美学价值和硬度更高，这种材料可应用于珠宝和工艺品。铜也应用于航空领域。

位于马歇尔太空飞行中心 NASA 材料与工艺实验室和洛克达因公司已把铜合金应用于粉末床熔融系统，并 3D 打印出有特殊冷却流道的火箭发动机部件。

NASA 3D 打印第一个全尺寸铜发动机零件如图 2-10 所示。

2.6.7　贵金属

可 3D 打印的贵金属包括银、金和铂。这些材料通常比较柔软、光泽度高、化学活泼性低。在很多情况下，它们的传导能力也非常好。除了 Concept Laser，Cooksongold 也是为数不多提供金（黄色、粉红色、白色）、铂 3D 打印的公司。这些材料主要用于珠宝和工艺品，如图 2-11 所示。

已有几个公司在使用银纳米颗粒墨水在零件上打印电路，如 Voxel8、Nano Dimension。Nano Dimension 重点开发镍、铜墨水，它们的导电性更好。银墨水使

图 2-10　NASA 3D 打印第一个全尺寸铜发动机零件

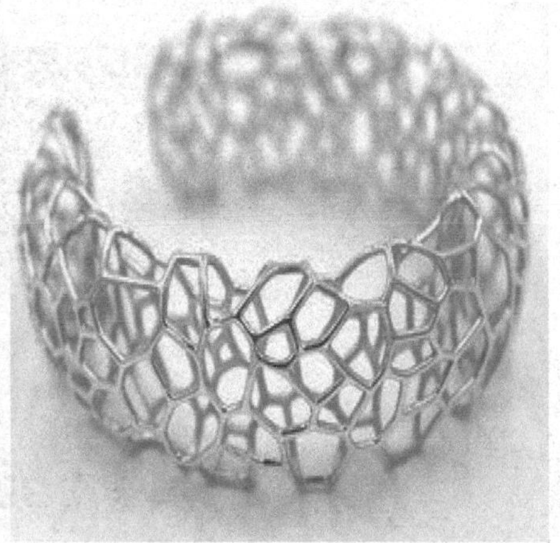

图 2-11　3D 打印结构复杂的贵金属饰品

得 3D 打印电路成为可能，不管是制作 PCB 原型或直接把电子元器件集成在 3D 打印对象里。

2.6.8　难熔金属

难熔金属种类比较少，包括铌、钼、钽、钨、铼，它们以极高的耐热性而出名。它们的熔点都超过 2000℃，化学反应不活泼，密度大，硬度高。

钽有高耐蚀性、传导能力非常好，这在电子行业非常有意义。根据洛斯阿拉莫斯国家实验室研究，这种材料 60%用于真空炉零件和电解电容器。在理论上，钽可以提高核微粒的放射性。

纯净钨的熔点比任何元素都高，高达 3422℃。这种金属密度很高，难以加工，但其稳定性适用于耐磨产品，如刀、钻头、锯子等。钨的耐氧化、耐酸碱性能也很好，可用于辐射屏蔽。

Global Tungsten & Powders（GTP）是为数不多生产钨、碳化钨、钼粉末的公司之一，只销售已成功打印的粉末。GTP 公司研发经理 Rick Morgan 解释了其公司制粉工艺："GTP 公司是垂直一体化的，它有能力开采钨矿砂，并进行化学提纯，可制备钨粉和碳化钨粉，可通过钴喷雾干燥它，可对其球化处理以适应 3D 打印工艺。"

ExOne 公司为其黏结剂喷射工艺提供可黏结钨粉。该公司推出该材料来代替铅制造医疗器械和航空零件，因为铅的毒性更高。GTP 公司的碳化钨钴材料已被 ExOne 公司成功应用，该公司已开发出脱脂/烧结方案来保证致密度。

铂力特 3D 打印钨光栅如图 2-12 所示。

图 2-12　铂力特 3D 打印钨光栅

2.7　金属 3D 打印的未来

SmarTech Markets Publishing 预计 3D 打印金属粉末的市场在 2023 年会达到 9.3 亿美元，并指出其增长受航空领域对大尺寸零件的需求驱动。根据公司近期对金属粉末的研究报告，SmarTech 高级分析师、3D Printing Business Media 创始人 Davide Sher 提出了一些见解，包括哪些材料将得到普遍应用。

"在可见的将来，最常见的金属 3D 打印材料是钢、钛合金、镍合金、钴铬钼合金"，Sher 说，"钛合金在航空领域应用最多，因为成本不再是问题，通过轻量化实现的性能提升将弥补其花费，镍合金也主要用于航空和国防领域，钛合金也会用于医疗领域（植入物），同样通过性能提升来弥补成本。"

Metalysis 公司 CEO Dion Vaughan 同样认为钛合金的需求会增加，该公司的工艺将推动3D打印技术的大量应用。“历史上，钛合金的生产受传统方式的制约，它们能量利用率低，成本昂贵，甚至是对当前先进的等离子雾化工艺”，Vaughan说道，“然而电解法效率更高、成本更低，这会推动金属3D打印的普及，并进一步降低粉末成本”。

Vaughan设想了粉末生产与制造工艺同时协作的可能性，他将提高整体效率，这对正出现的分布式制造趋势非常重要，这种情况下零件制造离终端用户更近。

Sher表示，由于主要应用于大牙科行业，钴铬钼合金对产品生产更重要；钢这种最先出现的金属3D打印粉末，通常会是大家最常见的选择；铝合金在成本上会低些，它适用于汽车行业零件的加工，未来会出现更大尺寸的3D打印零件；贵金属（尤其是铂）的应用比较有趣，但Sher认为其应用比较有限。

“送粉工艺（DED）近期的快速发展会显著推动粉末需求”，Sher提到，“目前这些技术不再局限于零件修复，也会用来打印大尺寸零件，粉末床熔融工艺的加工尺寸和速度也在快速提升，基本每两年翻一倍”。

Sher认为金属材料不一定是工业3D打印领域的老大，高性能塑料如PEEK、PEKK以及碳纤维增强材料可能会代替金属，因为它们的成本更低。“尤其是在航空和医疗领域，这些材料会占领金属3D打印的一部分市场”，Sher总结道。

在收购Arcam、Concept Laser后，GE组建了GE Additive，这佐证了SmarTech对3D打印增长的预测。对Arcam的收购，使得这家企业巨头同时获得了3D打印机制造商和粉末制造商。

LPW公司的John Hunter用这个例子说明行业的垂直整合正在来临。他认为粉末制造商（包括LPW公司）必须要加大其粉末产能。他在美国的分公司将搬到一个更大的工厂，来适应粉末生产的需要。LPW公司也在增加有关材料回收方面的活动，Hunter认为这个趋势会越来越流行。他指出粉末用量的增长受3D打印终端产品的驱动，其区别于最早的原型加工应用。“随着越来越多的机器被安装，粉末市场增长如此之快”，Hunter说，“不再是加工原型手板，把打印件用于几个月的测试，现在很多打印件正用于最终产品上，因此这些设备正整日、整周地打印零件，它们现在使用的粉末量比一年前多很多”。Hunter表达了他对3D打印未来的乐观看法，粉末市场的评论仅仅是他的个人观点和观察结论。

换句话说，随着金属3D打印被集成到制造供应链来加工终端零件，会消耗掉更多金属粉末，导致更大的粉末制粉量。随着金属3D打印的持续发展，可以预期粉末行业会同步增长和发展。

参 考 文 献

[1] 周万琳. 选择性激光烧结 3D 打印钛合金种植体的制备及其体内研究［D］. 长春：吉林大学，2019.

[2] 李瑞迪. 金属粉末选择性激光熔化成形的关键基础问题研究［D］. 武汉：华中科技大学，2010.

[3] 李瑞迪，史玉升，刘锦辉，等. 304L 不锈钢粉末选择性激光熔化成形的致密化与组织［J］. 应用激光，2009，29（5）：369-373.

[4] ZHAO X，WEI Q S，SONG B，et al. Fabrication and characterization of AISI 420 stainless steel using selective laser melting［J］. Material and Manufacturing Processes，2015，30（11）：1283-1289.

[5] ZHANG S，LI Y，HAO L，et al. Metal-ceramic bond mechanism of the Co-Cr alloy denture with original rough surface produced by selective laser melting［J］. Chinese Journal of Mechanical Engineering，2014，27（1）：69-78.

[6] 胡志恒. AlCu5MnCdVA 铝合金的激光选区熔化成形熔凝行为研究［D］. 武汉：华中科技大学，2018.

[7] 赵官源，王东东，白培康，等. 铝合金激光快速成型技术研究进展［J］. 热加工工艺，2010，39（09）：170-173.

[8] DESHPANDE A，NATH S D，ATRE S，et al. Effect of post processing heat treatment routes on microstructure and mechanical property evolution of haynes 282 Ni-Based superalloy fabricated with selective laser melting（SLM）［J］. Metals，2020，10（5）：1092-1097.

[9] KAZANAS P，DEHERKAR P，ALMEIDA P，et al. Fabrication of geometrical features using wire and arc additive manufacture［J］. Proceedings of the Institution of Mechanical Engineers Part B：Journal of Engineering Manufacture，2012，226（6）：1042-1051.

[10] 赵晓. 激光选区熔化成形模具钢材料的组织与性能演变基础研究［D］. 武汉：华中科技大学，2016.

第3章　3D打印高分子材料

高分子材料因其种类繁多、性能各异，已被广泛应用于各类生产生活中。以其体量计算，早已远超金属材料和陶瓷材料，位居材料行业首位。随着3D打印技术的不断发展，越来越多种类的高分子材料被应用其中。其中，尼龙类、ABS类、PC类是应用较多的几种高分子材料。此外，部分环氧树脂类高分子材料还可作为复合剂参与到其他类材料打印中。

3.1　高分子材料的优势

高分子材料在3D打印领域具有其他材料无可比拟的优势。

1）3D打印作为一种新兴的产品加工手段，其个性化的生产思路必然导致加工手段的多样化，所制备的产品种类、性质各具特色。因此，其对材料的物理、化学性能的要求也千差万别。3D打印的发展使得各种满足打印专一性需求的不同物理、化学性能的材料不断出现。而高分子材料本身具有种类繁多、性质各异、可塑性强的特点。通过对不同的聚合物单元结构、单元种类的选择和数量的调节，不同单元结构的共聚及配比，可以轻松获得不同物理、化学性能的粉末化、液态化、丝状化的新型高分子材料，从而实现3D打印材料的多样性和专一性功能。

2）高分子材料具有熔融温度低的优点，且多数高分子熔体属于非牛顿流体，触变性能好，从而极大地满足了3D打印中FDM打印工艺要求。而FDM工艺由于具备不使用激光、设备成本低、维护简单、成型速度快、后处理简单等优点，一直是3D打印技术应用推广的主力，所以用于FDM打印工艺的高分子3D打印材料也是目前高分子3D打印材料研究的重点。此外，高分子3D打印材料由于其较低的烧结温度，在SLS打印工艺中也具有加工能耗小、设备要求低的优势。

3）高分子材料具有轻质高强的优点，尤其是部分工程塑料，其机械强度可以媲美部分金属材料，密度却只略大于1g/cm^3，其较小的自重和高支撑力为打印镂空制品提供了便利。此外，轻质高强的特点也使其成为汽车零部件和运动器件的首选材料。

4）高分子材料价格便宜，在体积价格方面远胜金属材料，而且可加工性能更好，因此在 3D 打印材料中具有很高的性价比。

上述优势使得高分子材料成为使用最广泛、研究最深入、市场化最便利的一类 3D 打印材料。

3.2 高分子材料的特性

高分子材料在 3D 打印中的应用大多是采用 FDM 技术，根据打印工艺的实际要求，一般需要高分子材料具有以下特性。

1）良好的触变性。高分子熔体在从喷头中高速喷射出时，只有熔体具备良好的流动性方能顺利、准确地喷射到指定位置；而当熔体材料到达打印位置时，则要求熔体有较高的黏度而无法随意流动，才能保证材料固定在打印位置不会变形、移动。这就要求高分子熔体在高剪切速率时具备较小的黏度，而在低剪切速率时具备较大的黏度，即要求高分子材料必须具备良好的触变性。FDM 技术能够广泛应用于 ABS 等高分子材料正是由于材料良好的触变性。而普通尼龙等材料则更多使用选择性激光烧结（SLS）技术进行打印。

2）合适的硬化速度。使用 FDM 技术进行 3D 打印时，采用熔体打印，因此高分子材料的硬化速度至关重要。硬化速度太快，材料容易在喷头附近硬化，造成喷头阻塞，损坏设备；硬化速度太慢，由于必须在下一层硬化后再进行上一层打印，因此将严重影响打印效率和制品质量。

3）较小的热变形性和热收缩率。FDM 工艺和 SLS 工艺均是在高温下加工，在低温下成型，且成型过程不像传统高分子加工工艺有模具等束缚定型。高分子材料的热变形性和热收缩率要高于金属和陶瓷材料。因此，选择热变形性和热收缩率小的材料或在高分子材料中添加玻璃纤维等纤维材料作为 3D 打印材料，减小制品的热变形性和热收缩率就显得尤为重要。

3.3 聚 乳 酸

PLA（Polylactic Acid）中文名聚乳酸，是一种新型的生物降解材料，由可再生的植物资源（如玉米）所提取出的淀粉原料制成。聚乳酸是由 Pelouze 在 1845 年最先发现的，截至 2013 年世界上制造聚乳酸的制造商有近 20 家，其分子结构如下。

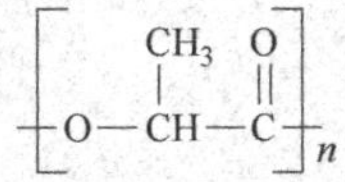

$$\left[O - \underset{CH_3}{\underset{|}{CH}} - \overset{O}{\overset{\|}{C}} \right]_n$$

聚乳酸具有良好的生物可降解性，使用后能被自然界中微生物完全降解，最终生成二氧化碳和水，不污染环境，这对保护环境非常有利，是公认的环境友好材料。此外其还具有良好的生物相容性和易加工性，制件强度高、延展性好，该材料已被广泛应用于生物医用领域、汽车行业、电子行业等，目前全球最大的聚乳酸制造商为美国 NatureWorks 公司。PLA 聚合物是一种新型可生物降解的热塑性树脂，相比于物理性质相近的传统树脂具有更加优良的特性，而且依赖植物为原料而不是石油，PLA 可以在短期之内分解为二氧化碳和水进入自然界，再通过太阳光合作用变成淀粉，对人体和环境没有危害，是真正的无公害可再生绿色环保材料。

聚乳酸是一种热塑性高分子材料，表观透亮，具有良好的成纤性、可降解性和优异的力学性能，且具有优良的加工性能，可通过传统加工如吹塑、热塑等对其进行加工成型。但其缺点也很明显，如含有大量的酯键、亲水性差，降低了其与其他物质的互溶能力；韧性低，打印出来的制品脆等。

国内外很多学者对 3D 打印聚乳酸做了改性研究，主要分为化学端基改性和物理共混改性。陈卫用 ADR 扩链剂改性聚乳酸，分析了扩链剂含量对聚乳酸热性能、熔体强度、力学性能以及打印性能的影响，得出了扩链剂能提高聚乳酸熔体强度和耐热性能，当扩链剂含量为 0.4%时，改性聚乳酸的力学性能及综合打印性能最佳。现如今 PLA 已成为 FDM 增材制造技术应用最多的耗材之一，应用 3D 打印技术的优势可实现结构形状更为复杂的 PLA 零部件快速制备。PLA 具有优良的热稳定性，一般用于 FDM 3D 打印的 PLA 丝材加工温度为 195~230℃。

3D 打印的 PLA 猫头鹰等样品如图 3-1 所示。

牛超用滑石粉填充 3D 打印用聚乳酸，研究了三种不同目数（800 目、2000 目和 3500 目）滑石粉对聚乳酸结晶度和耐热性能的影响，得出滑石粉能提高聚乳酸的结晶速率和耐热温度，且 2000 目的滑石粉改性聚乳酸具有最高结晶度和耐热温度。

Postiglione 等开发了一种基于液相沉积建模（LDM）的 3D 打印系统，并找到最佳工艺条件和打印窗口，打印聚乳酸-多壁碳纳米管纳米复合物分散体得到导电纳米三维结构材料。H. S. Patanwala 等对碳纳米管-聚乳酸复合材料进行 FDM 打印，分析不同质量分数（0.5%、2.5%和 5%）的碳纳米管对复合材料打印件

图 3-1　3D 打印的 PLA 猫头鹰等样品

的力学性能影响。结论表明，在碳纳米管的质量分数为 5%时 FDM 打印件的弹性模量提高 30%，但是拉伸强度和总体韧性降低了，并运用数学模型对结论进行了解释。

3.4　ABS 树脂

ABS（Acrylonitrile Butadiene Styrene）树脂是丙烯腈、丁二烯和苯乙烯的接枝共聚物，A 代表丙烯腈，B 代表丁二烯，S 代表苯乙烯。丙烯腈具有高强度、热稳定性及化学稳定性；丁二烯具有坚韧性、抗冲击特性；苯乙烯具有易加工、低粗糙度和高强度。ABS 综合了三者各自的优良性能，在汽车、家用电器、玩具工业等领域有着广泛的应用。作为 3D 打印材料，ABS 具有韧性好、强度较高的特点，但其缺点也很明显，打印制品收缩率较大，易翘曲变形。

ABS 结构如下。

$$\left[CH_2 - \underset{\displaystyle CN}{\underset{|}{CH}} - CH_2 - CH = CH - CH_2 - CH_2 - \underset{\displaystyle C_6H_5}{\underset{|}{CH}} \right]_n$$

ABS 为不透明的颗粒，无毒、无味、吸水性差，且具有 90% 的高光泽度。ABS 材料颜色种类多（图 3-2），包括象牙白、蓝色、玫瑰红色、黑色、黄色等，广泛应用于汽车、仪表、电子电器等行业，是一种用途极广的热塑性工程塑料。

图 3-2　多种颜色的 ABS 颗粒

W. H. Zhong 等为获得用于 FDM 的高强度和高硬度 ABS 丝材，通过加入几种不同的性能改进剂，包括短玻璃纤维、增塑剂和增容剂来改性 ABS。发现玻璃纤维以降低柔韧性和易打印性为代价显著提高了 ABS 丝材的强度。通过添加少量的增塑剂和增容剂改善了玻璃纤维增强 ABS 丝材的柔韧性和易打印性，打印过程中发现制备的复合丝材与 FDM 设备兼容性良好。

J. Singh 等探讨了 FDM 工艺参数对 ABS 打印制品表面粗糙度的影响，并采用化学气相法进行后处理以降低制品的表面粗糙度。设计正交实验用于优化打印工艺参数和后处理的工艺参数。研究结果表明打印工艺参数对打印件表面粗糙度有着显著影响，但经过后处理，制品表面粗糙度几乎不受打印工艺参数的影响。

S. Dul，L. Fambri 等首次将质量分数为 4%石墨烯纳米片（xGnP）与 ABS 熔融共混加工成 FDM 丝材，然后将复合丝材沿着三种不同构造方向打印试样。研究结果表明，xGnP 提高了打印件的热稳定性、弹性模量和动态储存模量，但降低了拉伸强度，并比较了 3D 打印件和注塑件的差异，突出了由打印方向引起的取向效应对综合性能的影响。

3.5　砜聚合物

砜聚合物（Sulfone Polymers）是一类化学结构中含有砜基（—SO_2—）的芳香族非晶聚合物，包括聚砜（Polysulfone，PSF）、聚芳砜（Polyarylsulfone，PASF）、聚醚砜（Polyethersulfone，PES）、聚苯砜（Polyphenylsulfone，PPSF）。砜聚合物具有优异的综合性能，如较好的力学性能和介电性能，还具有良好的耐热性能、耐蠕变性、阻燃性能，较好的化学稳定性和透明性。由于它还具有食品卫生性，获得了美国食品及药品管理局（FDA）的认证，可以与食品和饮用水直接接触。因此，该类聚合物已经在汽车、电子电气、医疗卫生和家用食品等领域获得了广泛的应用。聚砜是一种无定型热塑性树脂，在其高分子主链中含有醚和砜键以及双酚 A 的异亚丙基。聚芳砜通常都有优良的尺寸稳定性、耐磨性、耐蚀性、生物相容性、介电性等特点。因此，它适用于制备汽车、飞机中耐热的零部件，也可用于制备线圈骨架和电位器的部件等。

聚苯砜是所有热塑性材料中强度最高、耐热性最好、耐蚀性最强的材料，应用于航空航天、交通及医疗健康等领域。聚苯砜因其优良的加工性能和热力学性能，一般无须改性即可直接加工为 FDM 丝材，丝材表观效果很好，打印制品效果优良。但其价格昂贵，打印温度高达 350℃，对 FDM 设备的加热温度要求很高。

聚苯砜结构如下。

$$\left[-C_6H_4-SO_2-C_6H_4-O-C_6H_4-C_6H_4-O- \right]_n$$

由于 PPSF 化学结构不像 PSF 一样含有影响空间位阻的异亚丙基结构，而是两个苯环直接相连形成共轭结构，保持了材料的刚性。此外，醚键的存在大大改善了其分子的柔顺性，降低了缺口敏感性。

聚苯砜（图 3-3）是支持 FDM 技术的新型工程材料，呈琥珀色，具有高度透明性、高水解稳定性；除强极性溶剂、浓硝酸和硫酸外，对一般酸、碱、盐、醇、脂肪烃等稳定；刚性和韧性好，耐温、耐热氧化，抗蠕变性能优良，耐离子辐射，无毒，绝缘性和自熄性好，容易成型加工。

图 3-3　聚苯砜颗粒

聚苯砜可持续暴露在潮湿和高温环境中且能吸收巨大的冲击，不会产生开裂或断裂。若需要缺口冲击强度高、耐应力开裂和耐化学腐蚀的材料，聚苯砜是最佳的选择。

与其他工程塑料相比，聚苯砜有许多独特性能，具体如下。

1）热性能。如图 3-4 所示，聚苯砜样品的 R-100 DSC（Differential Scanning Calorimetry，差示扫描量热法）表明其玻璃化转变温度为 220℃，无结晶峰和熔融峰，说明此材料为完全无定型材料。

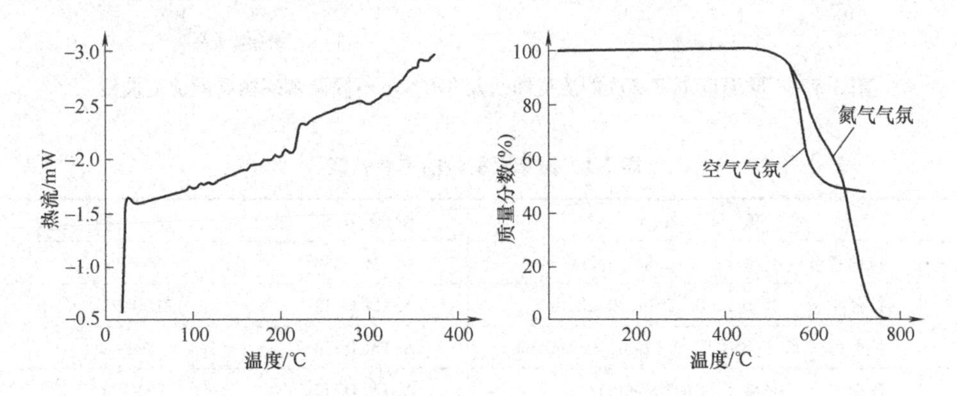

图 3-4　聚苯砜样品 R-100 DSC 和热失重曲线

空气和氮气气氛下的热失重分析结果显示：在氮气和空气中聚苯砜都具有非常好的热稳定性。三种常见的聚苯砜树脂在氮气气氛下的起始热分解温度测定结果如下：R-100 为 492℃；R-400 为 480℃；R-500 为 486℃。由此可见，聚苯砜原料的热分解温度都比较高，热稳定性良好，这也使得聚苯砜常被用于在高温环境下使用的元器件打印。

2）流变性能。流变性能是材料用于 3D 打印特别是 FDM 打印技术的关键所在。从流变数据可以看出（图 3-5），聚苯砜的黏度随温度的提高而降低；当剪切速率在较大范围（$10 \sim 10^4\ s^{-1}$）内变化时，随着温度的提高，聚苯砜黏度降低速率减小。即我们可以通过控制加工温度来实现熔融态聚苯砜黏度对剪切速率的敏感程度，满足打印要求。此外，图 3-5 还显示出聚苯砜属于典型的假塑性流体，其熔体的黏度随剪切速率的增加而降低，即熔体触变性良好。

聚苯砜材料具备针对任何 FDM 热塑性塑料的最高耐热性、良好的机械强度和耐石油与溶剂性质。它与 FDM 技术相结合，能够制作出具有耐热性且可以接触化学品的 3D 打印部件，如汽车发动机罩原型、可灭菌医疗器械、内部高要求应用工具等。聚苯砜材料的主要性能见表 3-1。

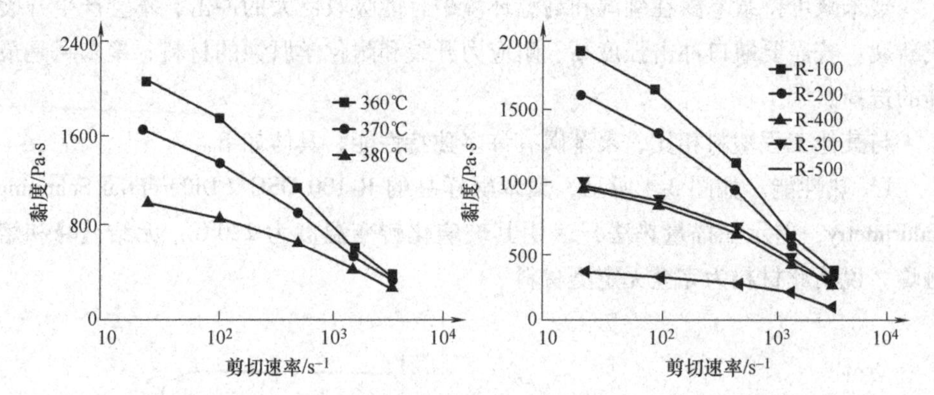

图 3-5　不同温度下 R-200 的流变曲线及 370℃下不同聚苯砜树脂的流变曲线

表 3-1　聚苯砜材料的主要性能

聚苯砜		检测方法	公制
力学性能	拉伸强度（类型 1，0. 125in，0. 2in/min）	ASTM D638	55MPa
	拉伸模量（类型 1，0. 125in，0. 2in/min）	ASTM D638	2100MPa
	拉伸伸长率（类型 1，0. 125in，0. 2in/min）	ASTM D638	3%
	弯曲强度（类型 1，0. 05in/min）	ASTM D790	110MPa
	弯曲模量（类型 1，0. 05in/min）	ASTM D790	2200MPa
	悬臂梁式冲击，切口（方法 A，23℃）	ASTM D256	58. 7J/m
	悬臂梁式冲击，无切口（方法 A，23℃）	ASTM D256	165. 5J/m
热性能	热变形温度（264 PSI）	ASTM D648	189℃
	玻璃化转变温度	DMA（SSYS）	230℃
	热膨胀系数	ASTM D696	5.5×10^{-5}/℃

注：1in＝0. 0254m。

T. Martens 等开发使用聚苯砜材料来打印旋转对称零件比例模型的铸模，进行设计验证、选择材料和调试工艺参数，打印出满足工作温度和工作压力要求的铸模，并介绍了二次处理表面抛光打印铸模的方法。结果表明使用 FDM 打印聚苯砜丝材作为离心铸造模具是可行的。

M. Nikzad 等研究了三个主要工艺参数（光栅角度、填充密度和打印方向）对 FDM 打印聚苯砜材料的动态力学性能的影响。在三个不同的固定频率（1Hz、50Hz 和 100Hz）下进行动态力学分析，研究这些工艺参数对聚苯砜打印件阻尼性能的影响，并采用 Taguchi 方法来优化工艺参数以达到更好的阻尼性能。

3.6 聚碳酸酯

聚碳酸酯（Polycarbonate，PC）是一种强韧的热塑性树脂，其名称来源于其内部的 CO_3^{2-} 基团，根据酯基的结构可分为脂肪族、芳香族、脂肪族-芳香族等多种类型。聚碳酸酯热变形温度为 135℃，热膨胀系数为 3.8×10^{-5}/℃，密度为 $1.2g/cm^3$，其化学结构如下。

$$\left[O-C_6H_4-\underset{CH_3}{\overset{CH_3}{\underset{|}{\overset{|}{C}}}}-C_6H_4-O-\underset{O}{\underset{\|}{C}} \right]_n$$

聚碳酸酯（图 3-6）具有高刚性和高透明特点，因此具有良好的光学性能和力学性能，被广泛应用于玻璃装配业、汽车工业和电子电器工业。聚碳酸酯丝材的亮度高，光泽性好，打印制品具有很强的韧性和力学性能。但同时其加工温度较高，打印制品对缺口敏感，收缩性也较大，易翘曲变形，很多学者在 ABS 与聚碳酸酯的合金方向上有较深入的研究。

图 3-6　聚碳酸酯颗粒

聚碳酸酯适合 3D 打印的主要原因如下。

1）热稳定性。聚碳酸酯分子主链上的苯环是刚性的，碳酸酯基是极性吸水基，虽然具有柔性，但它与两个苯环构成的共轭体系增加了主链的刚性和稳定性，因此，聚碳酸酯具有很好的耐高、低温性能。聚碳酸酯在 120℃下具有良好的耐热性，其热变形温度为 135℃，热分解温度为 340℃，热变形温度和最高连续使用温度均高于绝大多数脂肪族聚酰胺纤维（尼龙），也高于几乎所有的通用热塑性塑料。聚碳酸酯的热导率及比热容都不高，在塑料中属于中等水平，但与其他非金属材料相比，仍然是良好的热绝缘材料。聚碳酸酯的加工温度较高，但熔体触变性好，热膨胀系数不大，因此主要选用洁净、便利的 FDM 工艺进行 3D 打印制备产品。

2）力学性能。聚碳酸酯分子结构使其具有良好的综合力学性能，如很好的刚性和稳定性，拉伸强度高达 70MPa，拉伸、抗压和弯曲强度均相当于 PA6、PA66，冲击强度高于大多数工程塑料，抗蠕变性也明显优于聚酰胺和聚甲醛。聚碳酸酯分子链在外力作用下不易移动，抗变形好，但它又限制了分子链的取向和结晶，一旦取向，又不易松弛，只是内应力不易消除，容易产生内应力冻结现象。所以聚碳酸酯在力学性能上有一定的缺陷，如易产生应力开裂、缺口敏感性高、不耐磨等，因此用其制备一些抗应力材料时需进行改性处理。

3）电性能。聚碳酸酯分子链的苯撑基和异丙撑基的存在，使得聚碳酸酯为弱极性聚合物，其电性能在标准条件下虽不如聚烯烃和聚苯乙烯等，但耐热性比它们强，所以可以在较宽的温度范围保持良好的电性能。因此，该耐高温绝缘材料可以应用于 3D 打印中。

4）透明性。由于聚碳酸酯分子链上的刚性和苯环的体积效应，因此其具有较差的结晶能力。聚碳酸酯聚合物成型时熔融温度和玻璃化转变温度都高于制品成型的模温，所以它很快就从熔融温度降低到玻璃化转变温度以下，完全来不及结晶，只能得到无定型制品。这就使得聚碳酸酯具有优良的透明性。聚碳酸酯密度为 1.2g/cm^3，透光率可达 90%，常常被用于一些高透光性产品如个性化眼镜片和灯罩的打印。

3D 打印用的聚碳酸酯主要性能见表 3-2，电性能见表 3-3。

表 3-2　3D 打印用的聚碳酸酯主要性能

聚碳酸酯		检测方法	公制
力学性能	拉伸强度（类型 1，0.125in，0.2in/min）	ASTM D638	68MPa
	拉伸模量（类型 1，0.125in，0.2in/min）	ASTM D638	2300MPa
	拉伸伸长率（类型 1，0.125in，0.2in/min）	ASTM D638	5%
	弯曲强度（类型 1，0.05in/min）	ASTM D790	104MPa
	弯曲模量（类型 1，0.05in/min）	ASTM D790	2200MPa
	悬臂梁式冲击，切口（方法 A，23℃）	ASTM D256	53J/m
	悬臂梁式冲击，无切口（方法 A，23℃）	ASTM D256	320J/m

（续）

聚碳酸酯		检测方法	公制
热性能	热变形温度（66 PSI）	ASTM D648	138℃
	热变形温度（264 PSI）	ASTM D648	127℃
	维卡软化温度	ASTM D1525	139℃
	玻璃化转变温度	DMA（SSYS）	161℃

注：1in = 0.0254m。

表 3-3　3D 打印用的聚碳酸酯电性能

电性能	检测方法	取值范围
体积电阻率	ASTM D257	$6\times10^{13}\sim2\times10^{14}\ \Omega\cdot cm$
介电常数	ASTM D150-98	2.8~3.0
耗散因子	ASTM D150-98	0.0005~0.0006
介电强度	ASTM D149-09，方法 A	80~360V/mil

注：1mil = 0.0254mm。

Masood 研究了 FDM 工艺参数（如填充密度、光栅宽度和光栅角度）对聚碳酸酯打印试样拉伸性能的影响。结果表明当填充密度为 100%、光栅宽度为 0.6064mm、光栅角度为 45°时，可获得最高的拉伸强度，此时聚碳酸酯打印试样的拉伸强度达到注塑零件的 70%~80%。

K. Cantrell 等首次将数字图像相关技术用于 3D 打印聚碳酸酯零件的拉伸和剪切测试，研究了光栅角度和构造方向对聚碳酸酯打印试样的剪切模量和剪切屈服强度的影响。

3.7　尼　龙

尼龙（Nylon）又称为聚酰胺纤维，英文全称 Polyamide（简称为 PA），是分子链上含有重复酰胺基团（—NHCO—）的热塑性树脂总称，包括脂肪族 PA、脂肪-芳香族 PA 和芳香族 PA。其中，脂肪族 PA 品种多、产量大、应用广泛，其命名由合成单体具体的碳原子数而定，是由美国著名化学家卡罗瑟斯和他的科研小组发明。

尼龙的主要单元结构如下。

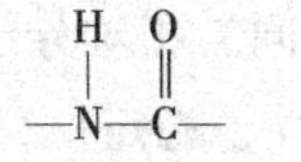

合成反应式如下。

$$nNH_2(CH_2)_6NH_2+nHOOC(CH_2)_4COOH \rightarrow$$
$$\lbrack NH(CH_2)_6NHOC(CH_2)_4CO \rbrack_n+2nH_2O$$

$$\text{己内酰胺} + \text{己内酰胺} \longrightarrow -\overset{O}{\overset{\|}{C}}-(CH_2)_5-NH-\overset{O}{\overset{\|}{C}}-(CH_2)_5-NH-$$

尼龙的品种众多，其主要品种有尼龙 66、尼龙 610 和尼龙 1010 等。尼龙塑料有很好的耐磨性、韧性和抗冲击强度，可用作具有自润滑作用的齿轮和轴承的制备。尼龙耐油性好，阻透性强，无毒无味，可作为包装材料长期存装油类产品等。尼龙 6 和尼龙 66 主要用作合成纤维，含芳香基团的尼龙纺丝得到的纤维称为芳纶，其强度可同碳纤维媲美，是重要的增强材料，在航空航天中被大量使用。尼龙的不足之处是在强酸或强碱下不稳定，吸湿性强（吸水的强弱取决于 $CONH/CH_2$ 的比值：比值越大，吸水性越强），吸湿后的强度虽然比干燥时强度高，但其形变也随之增大。

尼龙齿轮和尼龙球如图 3-7 和图 3-8 所示。

图 3-7　尼龙齿轮

3D 打印尼龙材料属于一种特殊的耐用性工程尼龙。一般聚合方法得到的尼龙树脂相对分子质量很小，约在 2 万以下，相对黏度约为 2.3~2.6，而工程用尼龙树脂黏度要求则在 2.8~3.5 之间。相对分子质量较大的工程用塑料尼龙由于其优异的力学性能和良好的润滑性、稳定性，近年来得到迅猛的发展。3D 打印

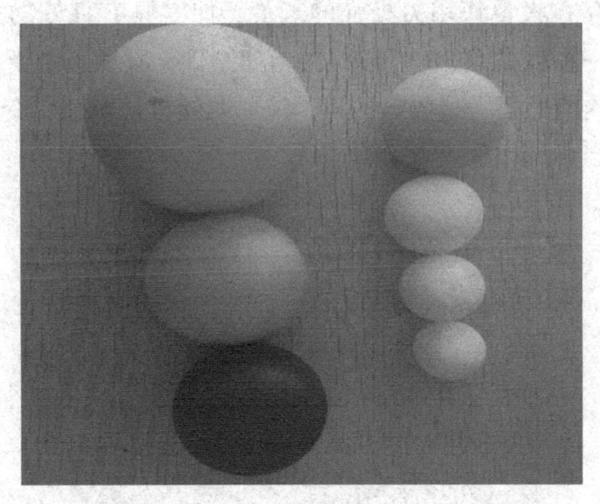

图3-8　尼龙球

使用的耐用性尼龙材料为工程用塑料尼龙。

耐用性尼龙热变形温度为110℃，主要用于汽车、家电、电子消费品和医疗等领域。

3D打印用尼龙的主要性能如下。

1）电性能。在低温和干燥条件下，尼龙具有良好的电绝缘性，但在潮湿的条件下，其体积电阻率和介电强度均会下降，介电常数和介电损耗也会明显增大。在FDM和SLS打印中均需要避免尼龙粉末因摩擦生成静电导致打印质量下降。

2）力学性能。尼龙具有优异的力学性能，其拉伸强度、抗压强度、冲击强度、刚性和耐磨性都比较好，适合制备一些高强度、高韧性产品，但其力学性能受温度和湿度影响较大。

3）热性能。尼龙属于极性较强的一类高分子材料，分子间可以形成氢键，因此熔融温度较高，且熔融温度范围较窄，有明显的熔点。同其他高分子材料相比，尼龙材料相对分子质量通常较小，因此热变形温度（T_f）较低，一般在80℃以下。由于多数尼龙的熔点温度远大于热变形温度，导致尼龙的熔体黏度较小，无法满足FDM打印的要求，因此尼龙材料多数采用SLS工艺进行打印。

4）耐化学药品性能。尼龙具有良好的化学稳定性、结晶性和高的内聚能，不溶于普通的溶剂。由于它能耐很多化学药品，所以不受酸、碱、酮、醇、酯、润滑油、汽油等影响。常温下，尼龙溶解于某些盐的饱和溶液和一些强极性溶剂。它还对某些细菌表现出很好的稳定性，因此可以用于一些生物医用器械的打印。

尼龙分子间存在大量作用力极强的氢键，使其具有良好的力学性能、耐磨性、耐蚀性，是一种较好的 3D 打印材料，如图 3-9 所示。由于尼龙是一种结晶性聚合物，分子内应力很大，收缩性强，纯尼龙丝材打印翘曲变形严重，所以改善其翘曲变形是当今工作的重点。

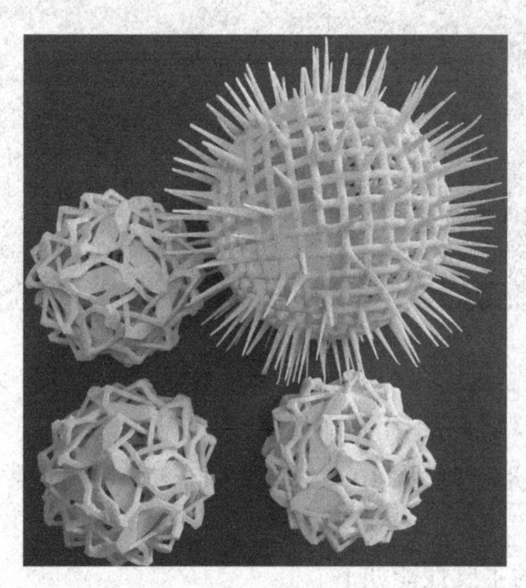

图 3-9　3D 打印尼龙产品

S. H. Masood 等开发了一种基于 FDM 工艺制造模具的新型铁/尼龙复合材料，其目的是降低快速模具的制造成本和时间。通过实验研究了铁与尼龙配比对复合材料热性能的影响，并与快速模具中使用的其他金属/聚合物复合材料进行了比较。结果表明当铁/尼龙含量比为 3∶7 时，打印件具有最佳热性能。这种复合材料丝材已成功应用于普通的 FDM 打印机中，可直接快速加工注塑用模具，这将有效减少注塑模具的制造成本和时间。

T. N. Rahim 等开发了一种羟基磷灰石和氧化锆增强尼龙 12 的复合丝材，当羟基磷灰石质量分数为 5%、氧化锆质量分数为 15%时，复合丝材具有最佳力学性能。与市面上的 Taulman 618 尼龙丝材性能做对比得出，复合材料的强度与 Taulman 618 相当，由于填料的加入使其弹性模量高于 Taulman 618。

K. S. Boparai 等通过优化单螺杆挤出机的工艺参数（如螺杆转速、机筒温度、机头温度），使用正交实验方法研究了 PA6/Al/Al_2O_3 复合丝材的拉伸强度和直径偏差，开发该尼龙丝材作为 ABS 丝材的替代品。基于数学模型和多响应优化技术找出了回归方程，并计算出当丝材具有最大拉伸强度和最小直径偏差时的最佳参数。通过实验验证了最佳参数，结果表明与预测值仅误差±4%。

A. N. Dickson 等分别用连续碳纤维、芳纶纤维和玻璃纤维来增强尼龙复合材料，制备成 FDM 丝材。研究了体积分数、纤维类型和纤维取向对尼龙复合材料力学性能的影响。结果表明，使用碳纤维增强的尼龙丝材力学强度最大，其拉伸强度高达非增强尼龙的 6.3 倍。

3.8 橡　　胶

橡胶（Rubber）是指具有可逆形变的高弹性聚合物材料，在室温下富有弹性，在很小的外力作用下能产生较大形变，除去外力后能恢复原状，如图 3-10 所示。橡胶属于完全无定型聚合物，其玻璃化转变温度（T_g）低，相对分子质量往往很大，大于几十万。

图 3-10　橡胶产品

橡胶分为天然橡胶与合成橡胶两种。天然橡胶是从橡胶树、橡胶草等植物中提取胶质后加工制成；合成橡胶则由各种单体经聚合反应而得。橡胶产品广泛应用于工业和生活各方面。

天然橡胶是由胶乳制造的，胶乳中所含的非橡胶成分有一部分就留在固体的天然橡胶中。一般天然橡胶中含橡胶烃 92%～95%，而非橡胶烃占 5%～8%。由于制法不同、产地不同乃至采胶季节不同，这些成分的比例可能有差异，但基本上都在范围以内。

蛋白质可以促进橡胶的硫化，延缓老化。另一方面，蛋白质有较强的吸水性，可引起橡胶吸潮发霉、绝缘性下降。蛋白质还有增加生热性的缺点。

丙酮抽出物是一些高级脂肪酸及固醇类物质，其中有一些起天然防老剂和促进剂作用，还有的能帮助粉状配合剂在混炼过程中分散并对生胶起软化的作用。

灰分中主要含磷酸镁和磷酸钙等盐类，有很少量的铜、锰、铁等金属化合物，因为这些变价金属离子能促进橡胶老化，所以它们的含量应控制。

干胶中的水分不超过 1%，在加工过程中可以挥发，但水分含量过多时，不但会使生胶储存过程中易发霉，而且还会影响橡胶的加工，如混炼时配合剂易结团；压延、压出过程中易产生气泡，硫化过程中产生气泡或呈海绵状等。

橡胶以其优异的性能，被广泛应用于交通运输、工农业生产、航空航天、电子信息、医疗卫生和建筑等行业，是国民经济领域不可或缺的战略资源之一。从橡胶历史来看，1900 年为分水岭，之前人们对其认识和利用因科技发展水平的制约局限在天然橡胶，之后则逐步进入到人工合成橡胶阶段。

1. 橡胶的结构

根据橡胶分子结构不同，我们将其分为三类。

1）线型结构。这是未硫化橡胶的普遍结构。由于相对分子质量很大，无外力作用下，大分子链呈无规则卷曲线团状。当外力作用后，再撤除外力，线团的纠缠度发生变化，分子链发生反弹，产生强烈的复原倾向，这便是橡胶高弹性的由来。

2）支链结构。橡胶大分子链支链的聚集，形成凝胶。凝胶对橡胶的性能和加工都不利。在炼胶时，各种配合剂往往进不了凝胶区，造成局部空白，形成不了补强和交联，成为产品的薄弱部位。

3）交联结构。线型分子通过一些原子或原子团的架桥而彼此连接起来，形成三维网状结构。随着硫化历程的进行，这种结构不断加强。这样，链段的自由活动能力下降，可塑性和伸长率下降，强度、弹性和硬度上升，压缩永久变形和溶胀度下降。

2. 橡胶的分类

按照橡胶的形态，橡胶分为块状生胶、乳胶、液体橡胶和粉末橡胶。其中，乳胶是橡胶的胶体状水分散体；液体橡胶是橡胶的低聚物，未硫化前一般为黏稠的液体；粉末橡胶是将乳胶加工成粉末状，以利配料和加工制作。20 世纪 60 年代开发的热塑性橡胶，无须化学硫化，而采用热塑性塑料的加工方法成型。

橡胶按照使用又分为通用型和特种型两类。

按照原料来源与方法，橡胶可分为天然橡胶和合成橡胶两大类，其中天然橡胶的消耗量占 1/3，合成橡胶的消耗量占 2/3。

按照橡胶的性能和用途，除天然橡胶外，合成橡胶可分为通用合成橡胶、半通用合成橡胶、专用合成橡胶和特种合成橡胶。

按照橡胶的物理形态，橡胶可分为硬胶和软胶，生胶和混炼胶等。

1）天然橡胶和合成橡胶。天然橡胶主要来源于三叶橡胶树，当这种橡胶树的表皮被割开时，就会流出乳白色的汁液，称为胶乳。胶乳经凝聚、洗涤、成型、干燥即得天然橡胶。合成橡胶是由人工合成方法而制得的，采用不同的原料（单体）可以合成出不同种类的橡胶。1900—1910 年化学家哈里斯（Harris）测定了天然橡胶的结构是异戊二烯的高聚物，这就为人工合成橡胶开辟了途径。1910 年俄国化学家 SV 列别捷夫（Lebedev，1874—1934 年）以金属钠为引发剂使 1，3-丁二烯聚合成丁钠橡胶，以后又陆续出现了许多新的合成橡胶品种，如顺丁橡胶、氯丁橡胶、丁苯橡胶等。合成橡胶的产量已大大超过天然橡胶，其中产量最大的是丁苯橡胶。

2）通用橡胶。通用橡胶是指部分或全部代替天然橡胶使用的胶种，如丁苯橡胶、顺丁橡胶、异戊橡胶等，主要用于制造轮胎和一般工业橡胶制品。通用橡胶的需求量大，是合成橡胶的主要品种。

3）丁苯橡胶。丁苯橡胶是由丁二烯和苯乙烯共聚制得的，是产量最大的通用合成橡胶，有乳聚丁苯橡胶、溶聚丁苯橡胶和热塑性橡胶（SBR）。

4）丁腈橡胶。丁腈橡胶是由丁二烯和丙烯腈经乳液共聚而成的聚合物。丁腈橡胶以其优异的耐油性而著称，其耐油性仅次于聚硫橡胶、丙烯酸酯橡胶和氟橡胶，此外丁腈橡胶还具有良好的耐磨性、耐老化性和气密性，但耐臭氧性、电绝缘性和耐寒性都比较差，而导电性比较好，因而在橡胶工业中应用广泛。丁腈橡胶主要应用于耐油制品，如各种密封制品。其他应用还有作为 PVC 改性剂及与 PVC 并用做阻燃制品，与酚醛并用做结构胶黏剂，做抗静电好的橡胶制品等。

5）硅橡胶。硅橡胶由硅、氧原子形成主链，侧链为含碳基团，用量最大是侧链为乙烯的硅橡胶。它既耐热，又耐寒，使用温度在 100~300℃之间，具有优异的耐气候性和耐臭氧性以及良好的绝缘性；缺点是强度低，抗撕裂性能差，耐磨性也差。硅橡胶主要用于航空工业、电气工业、食品工业及医疗工业等方面。

6）顺丁橡胶。顺丁橡胶是丁二烯经溶液聚合制得的。顺丁橡胶具有特别优异的耐寒性、耐磨性和弹性，还具有较好的耐老化性能。顺丁橡胶绝大部分用于生产轮胎，少部分用于制造耐寒制品、缓冲材料以及胶带、胶鞋等。顺丁橡胶的缺点是抗撕裂性能较差，抗湿滑性能不好。

7）异戊橡胶。异戊橡胶是聚异戊二烯橡胶的简称，采用溶液聚合法生产。异戊橡胶与天然橡胶一样，具有良好的弹性和耐磨性，优良的耐热性和较好的化学稳定性。异戊橡胶生胶（未加工前）强度显著低于天然橡胶，但质量均一性、加工性能等优于天然橡胶。异戊橡胶可以代替天然橡胶制造载重轮胎和越野轮胎，还可以用于生产各种橡胶制品。

8）乙丙橡胶。乙丙橡胶是以乙烯和丙烯为主要原料合成，耐老化性能、电绝缘性能和耐臭氧性能突出。乙丙橡胶可大量充油和填充炭黑，制品价格较低。

乙丙橡胶化学稳定性好，耐磨性、弹性、耐油性和丁苯橡胶接近。乙丙橡胶的用途十分广泛，可以制作轮胎胎侧、胶条和内胎以及汽车的零部件，还可以制作电线、电缆包皮及高压、超高压绝缘材料，也可以制作胶鞋、卫生用品等浅色制品。

9）氯丁橡胶。氯丁橡胶是以氯丁二烯为主要原料，通过均聚或少量其他单体共聚而成的。氯丁橡胶的抗张强度高，耐热、耐光、耐老化性优良，耐油性优于天然橡胶、丁苯橡胶、顺丁橡胶，具有较强的耐燃性和优异的抗延燃性，其化学稳定性较高，耐水性良好。氯丁橡胶的缺点是电绝缘性、耐寒性较差，生胶在贮存时不稳定。氯丁橡胶用途广泛，如用来制作运输皮带和传动带，电线、电缆的包皮，耐油胶管、垫圈以及耐化学腐蚀的设备衬里。

3. 3D 打印用橡胶的主要性能

橡胶的种类繁多，不同的橡胶具有不同的特殊属性，而不同橡胶的各种独特属性，正好与 3D 打印的个性化设计思路一致，可以赋予 3D 打印制品独特的性能，因而受到了广泛的关注。3D 打印的橡胶类产品主要有消费类电子产品、医疗设备、卫生用品以及汽车内饰、轮胎、垫片、电线电缆包皮和高压、超高压绝缘材料等。它们主要适用于样品展示模型、橡胶包裹层和覆膜、柔软触感涂层和防滑表面、旋钮、把手、拉手、把手垫片、封条、橡皮软管、鞋类等。

目前，橡胶类材料在 3D 打印中应用非常广泛，有机硅橡胶的使用最为普遍。有机硅橡胶是指分子主链以 Si—O 键为主，侧基为有机基团（主要是甲基）的一类线型聚合物。有机硅橡胶结构中既含有有机基团，又含有无机结构，这种特殊的结构使其成为兼具无机和有机的高分子弹性体。近年来，硅橡胶工业迅速发展，为 3D 打印材料的选择提供了方便。有机硅化合物以及通过它们制得的复合材料品种众多。性能优异的不同有机硅复合材料已经通过 3D 打印在人们的日常生活中，如农业生产、个人护理及日用品、汽车及电子电气工业等不同领域得到了广泛的应用。在 3D 打印领域，有机硅橡胶材料因为有其特定的性能，成为医疗器械生产的首选。有机硅橡胶材料手感柔软，弹性好，且强度较天然乳胶高。例如：在医疗领域里使用的喉罩要求很高，罩体要透明便于观察，它必须能很好地插入到人体喉部，从而与口腔组织接触；要求舒适并能在反复使用下保持干净清洁。首先，有机硅橡胶外观透明，可以满足各种形状的设计；其次，它与人体接触舒适，具有良好的透气性且生物相容性好，使人体不受感染，保持干净清洁；再次，它的稳定性比较好，能反复进行消毒处理而不老化，因此其已成为 3D 打印制备喉罩的首选。有机硅黏结剂是有机硅压敏胶和室温硫化硅橡胶。其中有机硅压敏胶透气性好，长时间使用不容易感染而容易移除，可作为优良的伤口护理材料。此外，有机硅橡胶还可以用于缓冲气囊、柔软剂、耐火保温材料、绝缘材料、硅胶布等产品。

有机硅橡胶在3D打印领域具有广泛的应用前景，与其特殊的性能密切相关。

1）低温性能。橡胶具有高弹性，在低温环境下，由于橡胶分子的热运动减弱，大分子链及分子链段被冻结，就会逐渐失去弹性。影响橡胶低温性能的两个重要因素是玻璃化转变温度和结晶温度。在目前所有的橡胶制品中，有机硅橡胶具有最低的玻璃化转变温度。俄罗斯科学家用非结晶性硅橡胶制得了在-60℃、-90℃、-100℃和-120℃的低温下，在空气、情性气体和真空环境下能够长期工作的橡胶制品。我国有机硅胶材料的最低使用温度大多集中在-80℃以上，距国外水平还有很大差距。随着对有机硅橡胶性能的研究，出现了最低使用温度为-120～-90℃的乙基硅橡胶。各种有机硅橡胶的最低工作温度：二甲基硅橡胶为-60℃，甲基乙烯基硅橡胶为-70～-60℃，苯基硅橡胶为-70℃，甲基苯基乙烯基硅橡胶为-100～-70℃，甲基乙基硅橡胶为-100℃，乙基硅橡胶为-120～-90℃，氟硅橡胶为-60℃。

2）高温性能。有机硅橡胶的热氧老化过程主要有两种：一是主链的侧基氧化分解，造成过度的交联，使有机硅橡胶发脆、发硬；二是主链断裂，生成低分子环状聚硅氧烷和直链低聚物，使有机硅橡胶发软、发黏，这主要与其主链、侧链基团、端基结构及添加剂种类等密切相关。因此各国学者对此做了大量的研究，提出通过改变聚硅氧烷的主链和侧链结构、使用新型的硫化体系、添加添加剂、添加硅氮类化合物来提高有机硅橡胶的耐热、耐氧化性能。目前室温硫化硅橡胶（RTV）已能够在150℃的环境下连续长期工作，在200℃的环境下能够连续工作10000h，甚至有些有机硅橡胶产品能够在350℃的条件下进行短时间的工作。

3）耐气候性。有机硅橡胶具有非常优异的耐气候性，对臭氧的老化作用不敏感，即使长时间在风雨、紫外线等条件下暴露，其物理性能也不会受到实质性的损伤。人们将有机硅橡胶、丁腈橡胶和丁苯橡胶一起置于自然光下，观察橡胶表面出现第一道裂纹所需时间，结果发现，丁腈橡胶仅需半年到一年的时间，丁苯橡胶需要两年到两年半的时间，而有机硅橡胶则需要10年左右的时间。

4）拒水性。有机硅橡胶的拒水性优异，将其长时间浸泡在水中，只能吸收约1%的水分，并且不会对其力学性能及电学性能造成损伤。人们对有机硅橡胶进行水蒸气实验时发现，在正常的压力下，水蒸气不会对有机硅橡胶造成伤害，但是随着压力的增加，有机硅橡胶所受影响会越来越明显。有数据表明：在高压、150℃的条件下，聚硅氧烷分子链发生断裂，有机硅橡胶的性能下降。这种情况可以通过选择合适的中介物质调整有机硅橡胶的结构来改善，目前已有许多经改性后的有机硅橡胶产品能够经受高温水蒸气。

5）耐蚀性。有机硅橡胶有很好的抗油性，即使在高温下，也能很好地抵抗油剂的侵蚀。在一些常见的有机橡胶中，丁腈橡胶和氯丁二烯橡胶在 100℃以下也具有优秀的抗油性，但是在更高的温度下，有机硅橡胶能够表现出比它们优异的抗油性。此外，有机硅橡胶还具有优异的抗有机溶剂和化学试剂的能力，它基本不受极性有机溶剂的影响；在非极性有机溶剂中，有机硅橡胶会有膨胀的现象，但不像其他的有机橡胶会降解，当有机硅橡胶离开这些溶剂后仍能恢复原样。有机硅橡胶对酸的抵抗力差，使用时应注意。

3.9 填充改性用填料

尼龙的性能优越，密度较小，制品的尺寸稳定性很好，能耐酸碱及溶剂腐蚀，可采用多种成型方式，如热压、注射和挤出成型等，在医疗、电子电器、机械设备、汽车、军事及航空航天等领域有着非常广泛的应用。但尼龙材料也有一些缺点，作为一种结晶性高分子材料，尼龙制品成型收缩率大，吸水率也较高，纯尼龙丝材打印翘曲变形较为严重，而填充改性是一种有效减少翘曲变形的手段。目前国内外的一些研究都是围绕用填料填充尼龙来改善其打印收缩性，并且提高力学性能以及其他性能来展开的。采用的填料主要分为无机非金属填料、金属粉末填料和有机刚性填料。

熔融共混改性在高分子聚合物改性技术中应用最广，填料填充聚合物一方面可以大幅度降低材料成本，另一方面还能提高材料的综合性能，已成为开发高性能高分子复合材料的重要技术手段。工业应用的无机非金属填料种类很多，应用较广的有玻璃纤维、碳酸钙、云母、炭黑、玻璃微珠、滑石粉、碳纤维、蒙脱土、硅灰石、二氧化钛等。其次是金属粉末填料，如铜粉、铁粉、铝粉等，具有提高聚合物的导热、导电性能以及力学性能，应用于某些特殊用途中，如航空航天、电子元器件等。应用较少的是有机刚性填料如高抗冲聚苯烯，因其与聚合物同属有机物，加工以及相容性方面会较前两种简单许多。由于固体填料与聚合物采用相对简单的机械搅拌混合法即可使大多数填料分散均匀，因此填充改性技术非常适合制备高性能 FDM 尼龙丝材。在尼龙中加入适当的填料，不仅可降低收缩率、减少翘曲变形，提高 FDM 打印件的成型率和尺寸精度，同时还可提高打印件的弹性模量、热变形温度等物理力学性能，并可大幅度降低成本。

各种填料因其自身具有不同的物质组成、形状结构、粒径尺寸和物理化学特性等特点，在改性聚合物中产生直接或者间接的影响从而起到改性作用。根据加工经验而言，球状或规则粒状的填料可提高复合材料加工性能，棒状、长条状等长径比高的填料能有效提高复合材料的力学强度。填料粒径较大时，容易在复合材料中形成缺陷，引起应力集中导致复合材料冲击强度剧烈下降；但粒径太小，聚合物和填料之间分散困难，容易发生团聚导致复合材料力学性能下降。FDM打印不同于传统塑料的注塑或模压成型工艺，在选择填料时应综合考虑填料对FDM丝材的打印工艺和打印制品性能的影响，从而做出合理的选择。选择填料首先应考虑到填料尺寸大小，现在市面上FDM打印机喷嘴直径大多为0.4mm，若填料尺寸过大，会造成喷嘴堵塞，导致打印失败甚至是设备故障，故选择填料时尽量选择尺寸较小的填料。下面介绍四种填料，分别是玻璃微珠、蒙脱土、碳纤维和铝粉。

3.9.1　玻璃微珠

玻璃微珠（Glass Bead，GB）是一种直径为微米级的玻璃球体，主要组成成分为无机硅酸盐类，综合性能十分优异，在聚合物加工和其他场合得到了广泛应用。玻璃微珠呈球状，具有很好的流动性，对加工设备的损伤和磨耗也很小；膨胀系数小，在树脂中分散性好，各向同性，可有效减少残余应变及减少制品收缩，从而提高制品尺寸稳定性；热稳定性和化学稳定性好；可耐1300℃以上高温，传热性能差，可提高聚合物的阻燃性能和耐高温性能；电绝缘性很好，可用于填充高绝缘聚合物从而提高其电阻性能。

为改善玻璃微珠与尼龙的界面结合，常用硅烷偶联剂改性玻璃微珠。硅烷偶联剂偶合机理研究很多，普遍接受的解释是偶联剂在无机物和聚合物之间架桥，从而起到偶合作用。

丁雪佳研究了空心玻璃微珠对尼龙6的力学性能和熔体黏度等性能的影响，结果表明当空心玻璃微珠添加量（质量分数）不超过20%时，尼龙6的拉伸强度和冲击强度均随着空心玻璃微珠含量的提高而上升，而熔体黏度随着空心玻璃微珠的加入而下降。孙向东等对空心玻璃微珠填充铸型尼龙进行研究，从空心玻璃微珠含量、粒径和表面处理等方面对复合材料的影响做了分析。结果表明空心玻璃微珠质量分数为10%时，复合材料热力学性能都有较大提高，空心玻璃微珠粒径越小复合材料性能提升越好。S. Long对玻璃微珠增强聚苯硫醚复合材料的摩擦学行为进行了研究，结果表明复合材料的摩擦系数随着玻璃微珠直径的下降而减小，特别是具有均匀尺寸和规则形状的玻璃微珠可以显著提高复合材料的摩擦学性能。

3.9.2 蒙脱土

蒙脱土（Montmorillonite，MMT）是一种 2∶1 型层状含水铝硅酸盐的土状矿物，主要成分为氧化硅和氧化铝，其化学通式为 $(Al_{2-y}Mg_y)Si_4O_{10}(OH)_2 \cdot nH_2O$。图 3-11 所示为蒙脱土的结构示意图。由于具有分散性、膨胀性、吸水性和便宜易得等特点，蒙脱土被广泛用于填充聚合物，但是在聚合物中直接添加蒙脱土，两者相容性很差，制备出的复合材料达不到应用要求，因此需要对蒙脱土进行改性处理来增强其与聚合物之间的相容性。

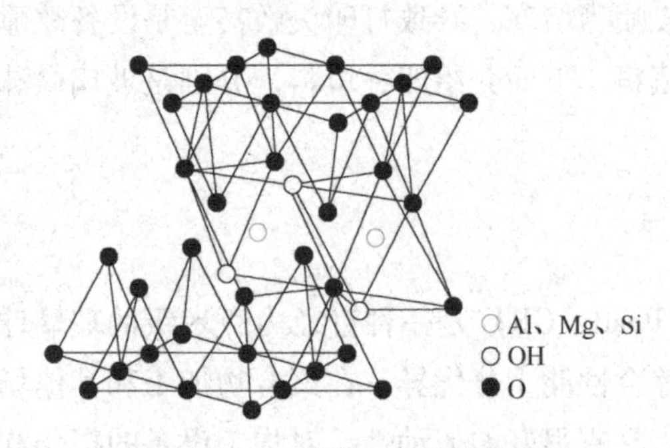

图 3-11　蒙脱土的结构示意图

蒙脱土具有强亲水特性，其在有机相中的分散能力很弱以及对有机基团的附着能力很差，因此应用于聚合物中时必须对蒙脱土进行有机改性。将有机物引入蒙脱土层间，使其具备某些有机基团，不仅使蒙脱土层间膨胀，具有疏水性能，而且可以改变蒙脱土界面极性和物理化学微环境，能与聚合物大分子有效结合形成高性能复合材料。蒙脱土有机改性方法主要有阳离子表面活性剂改性、阴离子表面活性剂改性、非离子表面活性剂改性、聚合物单体改性以及偶联剂改性等。

李迎春在博士论文中对蒙脱土和 POE-g-MAH/POE 两种改性剂分别和协同增强增韧尼龙 11 复合材料体系的形态结构与性能的关系进行了系统的研究，通过透射电镜等手段对复合材料的结晶性能和增韧机理做了详细的探索和分析。T. D. Fornes 考察了两种不同产地的钠基蒙脱土对尼龙 6 纳米复合材料形态和性能的影响，分别对两种蒙脱土复合尼龙 6 材料的透射电镜照片的定量分析显示，相比于 Wyoming，Yamagata 纳米复合材料的平均颗粒长度略大，并且蒙脱土片层剥离程度较高，具有更高的颗粒纵横比。结果表明，随着颗粒纵横比的增加，纳米复合材料的刚度和强度更高。

3.9.3　碳纤维

碳纤维（Carbon Fiber，CF）是碳元素质量分数在 90%以上的石墨结晶组成的一种多晶无机纤维，是一种适应航空航天等高技术领域发展需要而研究开发出的新型增强材料。碳纤维具有质轻高强、耐酸碱腐蚀性能良好、耐高温、电阻性能优越等一系列优点。传统碳纤维根据长度分为连续碳纤维、长碳纤维和短碳纤维，而 FDM 打印机喷嘴直径一般为 0.4mm，传统碳纤维因长度过长而不适用，因而采用碳纤维粉。碳纤维粉即磨碎碳纤维，就是将普通碳纤维经过剪切、磨碎成粉状的微米级圆柱状颗粒，它除粒径较小外与普通碳纤维无异，由于呈粉状，其比表面积更大，与聚合物无熔融共混过程中分散更均匀，因而是理想的填充材料。

碳纤维的表面很光滑，无活性基团等特点导致其惰性较大，与聚合物的界面结合力较差，无法与聚合物基体形成有效结合，降低了界面强度，因此对碳纤维表面改性是提高碳纤维复合材料综合性能的必要手段。碳纤维表面处理方法主要有化学氧化法、电化学氧化法、等离子处理法、涂层法、化学接枝法和辐射法等。

Junxiang Wang 和 Mingyuan Gu 研究了碳纤维增强尼龙 1010 复合材料在湿润和干燥条件下的摩擦和磨损性能。与干滑动相比，水中的摩擦系数降低。由于碳纤维的增强，复合材料的耐磨性提高了两个数量级，且材料在湿润条件下的摩擦系数小于干燥条件下的。进一步研究表明，尼龙 1010 分子间酰胺基的水解并由此导致氢键减少是导致尼龙在水中的高磨损率的重要因素。

Z. Wang 等研究了 PAN 基碳纤维的电化学氧化和上浆处理对拉伸性能、表面特性和与环氧树脂结合性能的影响。结果表明，电化学氧化使碳纤维的拉伸强度提高了 16.0%，进一步的上浆处理对拉伸强度没有影响。电化学氧化和上浆处理都通过引入含氧官能团显著改善了碳纤维的润湿性和表面能，电化学氧化处理略微增加了碳纤维和环氧树脂的界面剪切强度，进一步的上浆处理将界面剪切强度从 73.6MPa 提高至 81.0MPa。

3.9.4　铝粉

铝粉（Aluminum powder）按用途可分为工业铝粉、涂料铝粉、发气铝粉、易燃铝粉等，广泛应用于冶金、化工、装饰、防腐、建筑、农药、烟火、化工催化剂、炸药等行业。铝粉应用于聚合物中一般作为一种金属填料或颜料，根据其形状可分为片状和球状，根据其粒径大小又可分为多个品级。因铝粉性质活泼易氧化、比表面积大、在聚合物中易团聚等特性，工业铝粉在应用前大多需要对其进行改性。

铝粉改性常用方法有机械化学改性、表面化学改性、胶囊改性、氧化改性、包覆及沉淀改性等。本次实验采用两种偶联剂处理铝粉表面，分别是硅烷偶联剂和钛酸酯偶联剂。硅烷偶联剂改性铝粉的机理过程如图 3-12 所示。钛酸酯偶联剂的作用机理被广泛接受的大致分两种，一种是化学键理论，钛酸酯偶联剂中的烷氧基与铝粉表面结合，形成有机单分子层，这与硅烷偶联剂作用机理类似；另一种是南京大学胡柏星提出的配位理论，他们认为钛酸酯偶联剂起到偶联作用是由于配位键引起，即钛酸酯偶联剂中的 Ti 提供的 sp^3d^2 杂化轨道，而填料提供孤对电子，从而产生配位化学作用。

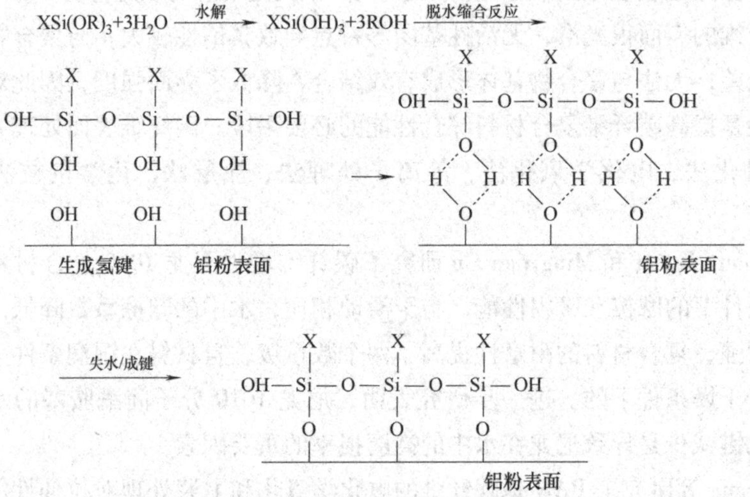

$$XSi(OR)_3+3H_2O \xrightarrow{\text{水解}} XSi(OH)_3+3ROH \xrightarrow{\text{脱水缩合反应}}$$

生成氢键　铝粉表面　铝粉表面

失水/成键　铝粉表面

图 3-12　硅烷偶联剂改性铝粉的机理过程

闫春泽等因机械混合铝粉与尼龙易发生偏聚影响烧结件性能而提出了通过溶液沉淀法制备尼龙 12 覆膜铝粉，研究了铝粉含量及粒径对选择性激光烧结件性能的影响。闵成勇对铝粉改性填充 ABS 树脂复合材料进行了一系列研究，分析了成型工艺、铝粉含量、铝酸酯偶联剂含量、铝粉粒径等因素对复合材料热力学性能的影响。Gabriel Pinto 等通过对铝粉填充尼龙 6 复合粉末材料的制备和表征，研究了复合材料的导电性、密度、硬度和微观形貌。

参考文献

[1] MARCINCINOVA L N, KURIC I. Basic and advanced materials for fused deposition modeling rapid prototyping technology [J]. Manufacturing and Industrial Engineering, 2012, 11 (1): 24-27.

[2] 林峰. 分层实体制造工艺原理研究及系统开发 [D]. 北京：清华大学，1997.
[3] 杜雪娟. 有限的可选材料阻碍3D打印发展 [J]. 现代塑料加工应用，2015，27 (5)：24.
[4] 陈卫，汪艳，傅铁. 用于3D打印的改性聚乳酸丝材的制备与研究 [J]. 工程塑料应用，2015，43 (8)：21-24.
[5] POSTIGLIONE G，NATALE G，GRIFFINI G，et al. Conductive 3D microstructures by direct 3D printing of polymer/carbon nanotube nanocomposites via liquid deposition modeling [J]. Composites Part A：Applied Science & Manufacturing，2015，76：110-114.
[6] SINGH J，SINGH R，SINGH H. Investigations for improving the surface finish of FDM based ABS replicas by chemical vapor smoothing process：A case study [J]. Assembly Automation，2017，37 (1)：13-21.
[7] HUANG B，MASOOD S H，NIKZAD M，et al. Dynamic mechanical properties of fused deposition modelling processed polyphenylsulfone material [J]. American Journal of Engineering and Applied Sciences，2016，9 (1)：1-11.
[8] 张胜，徐艳松，孙姗姗，等. 3D打印材料的研究及发展现状 [J]. 中国塑料，2016，30 (1)：7-14.
[9] DICKSON A N，BARRY J N，MCDONNELL K，et al. Fabrication of continuous carbon，glass and Kevlar fibre reinforced polymer composites using additive manufacturing [J]. Additive Manufacturing，2017，16：146-152.
[10] 丁雪佳，卢冬梅，余鼎声，等. 空心玻璃微珠填充尼龙6的研究 [J]. 塑料，2003，32 (2)：19-22.
[11] 周建龙，张天骄，邢慧慧. 熔融法纺制聚苯砜纤维的探索研究 [J]. 北京服装学院学报，2011，31 (2)：13-18.
[12] 闫春泽，史玉升，杨劲松，等. 尼龙12覆膜铝粉激光烧结成形件的性能研究 [J]. 材料科学与工艺. 2009，17 (05)：608-611.
[13] 闵成勇. 铝粉填充改性ABS树脂复合材料的研究 [D]. 广东：广东工业大学，2013.
[14] GABRIEL PINTO，ANA JIMÉNEZ-MARTÍN. Conducting aluminum-filled nylon 6 composites [J]. Polymer Composites，2010，22 (1)：65-70.

第4章　3D打印光敏树脂材料

光敏性高分子又称为感光性高分子，是指在光作用下能迅速发生化学和物理变化的高分子，或者通过分子上光敏官能团所引起的光化学反应（如聚合、二聚、异构化和光解等）和相应的物理性质（如溶解度、颜色和导电性等）变化而获得的高分子材料。

光敏树脂俗称为紫外线固化无影胶，或UV树脂（胶），主要由聚合物单体与预聚体组成，其中加有光（紫外光）引发剂，或称为光敏剂。在一定波长的紫外光（250~300nm）照射下便会立刻引起聚合反应，完成固态化转换。光敏树脂一般为液态，可用于制作高强度、耐高温、防水材料，用途广泛，受到科研工作者的高度重视。光敏树脂具有节约能源、污染小、固化速度快、生产效率高、适宜流水线生产等优点，近年来得到了快速发展。目前，光敏树脂不仅在木材涂料、金属装饰及印刷工业等方面逐步取代传统涂料，而且在塑料、纸张、地板、电子、油墨、黏合剂等方面有着广泛应用。

4.1　光固化3D打印技术简介

光固化3D打印即光敏树脂3D打印，工作原理是通过相关软件制作出所需打印制件3D数字模型，将数字模型用分层软件处理，输入打印程序中，打印机根据数据逐层固化得到制件。按出现的时间顺序来分，光固化3D打印目前主要有三种。

4.1.1　喷射型光固化3D打印

喷射型光固化3D打印是三种里面研究相对较早的一种，该种光固化3D打印的特点是光敏树脂与紫外光发射器在一个控制箱中，树脂是从上往下喷射，边喷射边固化。具体过程如下：将光敏树脂装在容器中，通过打印喷头将光敏树脂喷射到指定的升降台上面，紫外光随着喷头喷射的运动轨迹而运动，对喷射的光敏树脂进行固化，当紫外光扫描固化树脂之后，升降台按照程序设定的距离下降一定高度，然后喷头再按照程序输出轨迹运动喷射、固化，逐层堆积直到获得所需制件，最后对制件进行表面处理即可。此种方法由于树脂是高速喷出，如果黏度过低容易飞溅，黏度过高铺平又很困难，难控制，再加上光敏树脂本身的收缩翘曲变形，使得制件的精度较低。喷射型光固化 3D 打印的工作原理如图 4-1 所示。

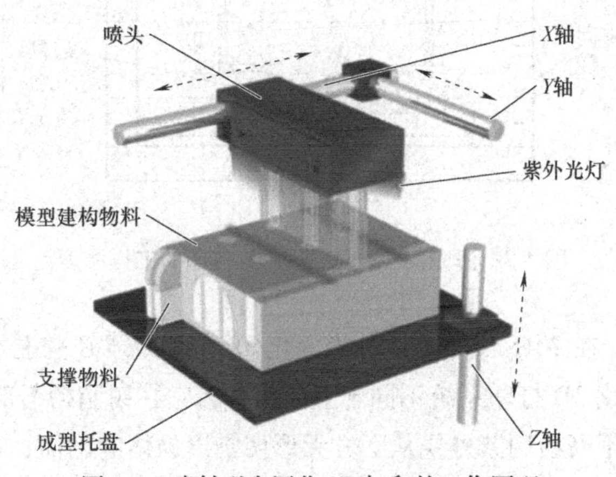

图 4-1　喷射型光固化 3D 打印的工作原理

4.1.2　激光固化快速成型 3D 打印

激光固化快速成型 3D 打印（SLA）是近几年比较成熟的一种光固化 3D 打印，基本取代了喷射型光固化 3D 打印。该种光固化 3D 打印的光敏树脂与激光器在对立方向，激光器在上方扫描，光敏树脂在下方的树脂槽中，扫描一层，树脂槽的平台下降一层，如此反复。成型过程如下：首先根据零件截面的形状，激光器选择性扫描，在既定截面的相关区域打印光敏树脂材料，并在紫外光的照射下进行固化，然后树脂槽内部升降台沿 *Z* 轴下降一定高度，接着激光器打印固化下一层，如此逐层打印固化直至制件的完成，最后除去制件表面上残余的光敏树脂即可获得所需的制件。相对于上一代的喷射型光固化 3D 打印，该种打印方式除去了树脂的喷射，且添加了刮平工序，减少了光固化制件的翘曲与变形，可为传统的模具制造起到重大的作用。激光固化快速成型 3D 打印的工作原理如图 4-2 所示。

4.1.3　连续液体界面制造 3D 打印

由美国北卡罗来纳大学的科研人员研发出来的一个新工艺，称为连续液体界

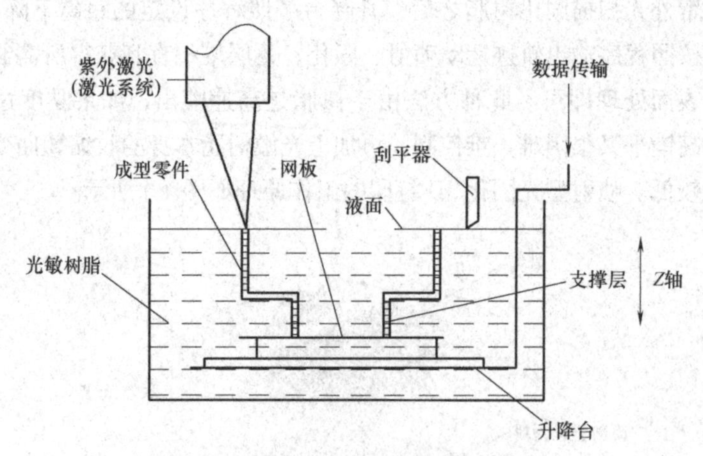

图 4-2　激光固化快速成型 3D 打印的工作原理

面制造（CLIP），在 2015 年 3 月这种光固化 3D 打印技术还登上了 *Science* 杂志的封面。这种光固化 3D 打印系统不同于上面两种，它在树脂槽下部有一个发射器，该发射器会连续不断地用紫外线从下方无形切割出物体的剖面，在树脂槽的底部有一个特殊的窗口，该窗口可以透过紫外线与氧气，氧气可以抑制树脂槽底部一层光敏树脂的固化，因而成为固化盲区，这样就可使打印的制品慢慢地往上提升而不会凝固在树脂槽底部，如此反复而成型。这种方法解决了上面两种方法始终不好解决的氧气对于光固化阻聚的问题，省去了刮平工序，速度极大提升，并且表面更加光滑，制品性能更加优异。相对于目前的 SLA 技术，连续液体界面制造（CLIP）把打印的速度提升了惊人的 20～100 倍。图 4-3 所示为连续液体界面制造的工作原理。

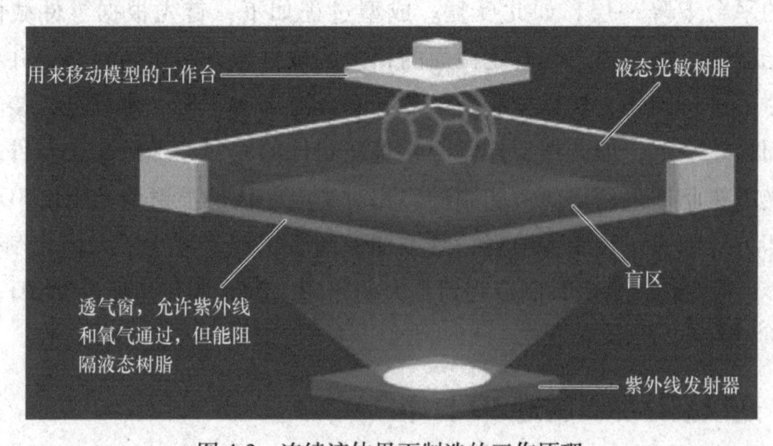

图 4-3　连续液体界面制造的工作原理

4.2　光敏树脂的组成

光固化 3D 打印材料即为光敏树脂。利用激光照射光敏树脂，引起树脂辐射聚合，形成交联聚合物，产生固体材料。光敏树脂主要由预聚物、活性稀释剂、光引发剂以及其他助剂共同组成。

4.2.1　预聚物

预聚物（也称为低聚物）是一种感光性树脂，含有不饱和官能团的低分子聚合物。预聚物的分子末端都具有可以进行光固化反应的活性基团，主要为不饱和双键和环氧基团等，一经引发聚合，相对分子质量就可快速上升，迅速固化为固体。在一个光敏树脂配方中，预聚物一般是用量最大的组分，可占到整个配方比例的 60%~90%，因而在一个光敏树脂配方中，预聚物是最为基础的组分，它决定了光敏树脂物理加工性能以及光固化制品的基本物理化学性能，如树脂黏度、制品硬度、固化制品的收缩变形、断裂伸长率等。因此在光敏树脂配方中，预聚物的选用是十分重要的。

表 4-1 列出了常用 UV 固化预聚物性能。

表 4-1　常用 UV 固化预聚物性能

类　型	固化速度	硬度	柔性	耐化学性	抗黄变性	抗拉强度
不饱和聚酯	慢	高	不好	不好	不好	高
丙烯酸树脂	快	低	好	不好	极好	低
聚酯丙烯酸酯	可调	中	可调	好	不好	中
聚醚丙烯酸酯	可调	低	好	不好	好	低
环氧丙烯酸酯	快	高	不好	极好	中至不好	高
聚氨酯丙烯酸酯	快	可调	好	好	可调	可调

根据光敏树脂固化机理可以把光敏树脂分为自由基聚合的光敏树脂和阳离子聚合的光敏树脂。对于不同的引发反应体系，所选用的预聚物也都是不相同的。活性基团根据其所处的空间结构的不同，其活性也是各不相同的，常用的树脂基团活性次序为：丙烯酰氧基>甲基丙烯酰氧基>乙烯基>烯丙基。因而，自由基光敏树脂体系常用的预聚物主要为各类丙烯酸树脂，如聚酯丙烯酸树脂、聚氨酯丙烯酸树脂、环氧丙烯酸树脂以及乙烯树脂等。阳离子光引发体系由于光引发剂的不同，所选用的预聚物也是不相同的，阳离子体系的预聚物具有环氧基团或乙烯基醚基团，如环氧树脂、乙烯基醚树脂。

由于预聚物在光敏树脂中属于主要的成分，决定了固化产物的许多主要性能，因此在选定光敏树脂配方中的预聚物时需要考虑很多因素，主要有以下几个方面。

1）黏度。黏度是用来衡量光敏树脂的流动性、可加工性的一个重要指标，适当的黏度可以提高制作速度和制件的精确程度。选用黏度较低的预聚物，就可以减少活性稀释剂的使用，这样固化产物的固化收缩率可以降低。

2）光固化速度。由于使用紫外激光 3D 打印机打印，激光都是短时间内扫描发生反应，必须选用光固化速度快的预聚物，以满足 3D 打印机的需要。

3）力学性能。预聚物作为光敏树脂主体影响着光敏树脂的黏度、加工性能以及光固化制件的硬度、拉伸强度、耐磨性等力学性能，一般光能度高，分子链中含有苯环，制件硬度、强度、耐磨性高；含有脂肪族碳链，制件韧性好。

4）制件的固化收缩率。对于 3D 打印，制件的固化收缩率是一个十分重要的性能指标，若固化收缩率较高，则在打印过程中制件容易变形，既影响制件的形状，也会影响制件的性能。一般官能团越多的预聚物，固化时交联密度越大，固化制件的收缩率也随之增加。

5）毒性和刺激性。由于光固化 3D 打印未来是小型化、办公室化，光敏树脂必须具有低毒或无毒，且对于人体无明显刺激性。

4.2.2 活性稀释剂

活性稀释剂又称为活性单体，是可以发生聚合的有机分子，其结构中含有特殊的聚合官能团。活性稀释剂添加到光敏树脂中，光敏树脂经光固化时其本身也发生光固化过程，同时，活性稀释剂本身的力学性能也会影响光敏树脂固化产品的性能。活性稀释剂是光敏树脂最主要的一个组成部分，降低预聚物的黏度，使得光敏树脂材料在 3D 打印机上使用。所以，活性稀释剂的选择和添加比例对光敏树脂材料也非常重要。

从结构上看，通过自由基引发的活性稀释剂都具有碳碳双键，如乙烯基、甲基丙烯酰氧基、丙烯基等，因而自由基的活性稀释剂主要是一些丙烯酸酯类的单体。而阳离子光固化体系所用的活性稀释剂大都是具有环氧基或者乙烯基醚的单体。由于乙烯基醚类的活性稀释剂的特殊性（既可用自由基光引发剂引发，也可以用阳离子型光引发剂引发），因此可作为两种光固化体系的活性稀释剂。

根据每个活性稀释剂分子所含的可进行反应的基团多少进行划分，可分为单官能团丙烯酸酯、双官能团丙烯酸酯、多官能团丙烯酸酯等。单官能团活性稀释剂中，每个分子有且仅有一个反应性基团可以参与反应，相对分子质量较小，黏度低，稀释能力强。同时由于单官能团使得光固化速度下降，在常温条件下单官能团活性稀释剂易挥发，气味大。双官能团或者多官能团活性稀释剂由于每个分子中都含有两个或者两个以上的可反应官能团，单体活性增加，光固化速度增强，黏度小且挥发性较小，气味低。随着活性稀释剂官能度的增加，体系黏度上升，加工成型变得困难，其收缩率也会相应增加，从而影响制品性能。活性稀释剂中可以参加光固化反应的活性基团越多，整个光固化反应体系的光固化速度也就越快。随着活性稀释剂官能度的增加，一方面可增加光固化反应的活性，另一方面还可同时提升整个体系的交联密度。如果仅仅是单官能度的活性稀释剂，则反应体系只能生成线型聚合物，不能够发生交联。只有当活性稀释剂的官能度≥2时，固化体系才能发生交联反应，得到交联聚合物。固化体系交联程度的高低对于固化产物的力学性能和化学性能有较大影响。表 4-2 列出了几种活性稀释剂对光敏树脂性能的影响。

表 4-2　几种常见活性稀释剂对光敏树脂性能的影响

活性稀释剂	丙烯酸-β-羟乙酯	邻苯二甲酸二丙烯酸酯	二缩三乙二醇二丙烯酸酯	双官能度单体（D）	丙烯酸异冰片酯
黏度（25℃）/Pa·s	20	9	15	25	9
固化时间/s	20	40	30	20	50
强度	用力即断	用力即断	不易折断	不易折断	易断

在选择活性稀释剂时需要考虑以下因素。

1）活性稀释剂黏度要低，稀释能力要强，以增强树脂可加工性能。

2）鉴于 3D 打印前景，活性稀释剂应该具有低毒性、低气味、低挥发、低刺激性。

3）要有低的体积收缩率，以防止打印制品的翘曲与变形。

4）光扫描速度较快，要求活性稀释剂必须有较高的反应性，否则层与层之间黏结性会很差，影响力学性能。

5）活性稀释剂需要能够较好溶解黏度较高的预聚物以及光引发剂。

4.2.3　光引发剂

光引发剂（Photoinitator，PI）经紫外光可以产生活性中间体，从而可以使光敏树脂发生辐射交联，使小分子聚合。不同的光引发剂对树脂的固化速率不同。光引发剂在整个光固化产品中的用量小于 3%，而且光引发剂对固化后样品性能并没有影响。吸收波长在紫外光区（250~420nm）的引发剂称为紫外光引发剂。光引发剂包括自由基型和阳离子型。由于不同的反应机理，自由基型光引发剂可分为裂解型和夺氢型的自由基光引发剂。目前出现了大分子光引发剂、大分子助引发剂、自由基-阳离子混杂型光引发剂以及水基光引发剂等新型光引发剂。

1）阳离子型光引发剂。阳离子型光引发剂的引发机理与过程为：紫外光的照射使阳离子型光引发剂生成路易斯酸或者质子酸，进而形成阳离子活性中心，预聚物和活性稀释剂在活性中心作用下发生反应。相对于自由基型光引发体系，阳离子型光引发体系有以下特点：受氧阻聚的影响小，但对于水汽、碱类等物质比较敏感，容易导致阻聚；阳离子光敏树脂大都含有环氧基团，固化时体积收缩小，易控制；阳离子光固化速度较慢，对光固化环境的温度依赖性较大，打印时紫外光扫描速度过快易导致制件性能下降；由于带正电荷的基团不会发生偶合作用而消失，所以阳离子型光引发剂产生的活性中间体很稳定，可以长时间存在，即使紫外光扫描过后，仍然能够发生反应交联固化。目前常用的阳离子型光引发剂主要有芳基重氮盐、双十二烷基苯碘鎓盐、硫酚基型三苯基硫鎓盐、芳香茂铁盐等。图 4-4 所示为几种常用的阳离子型光引发剂分子式。

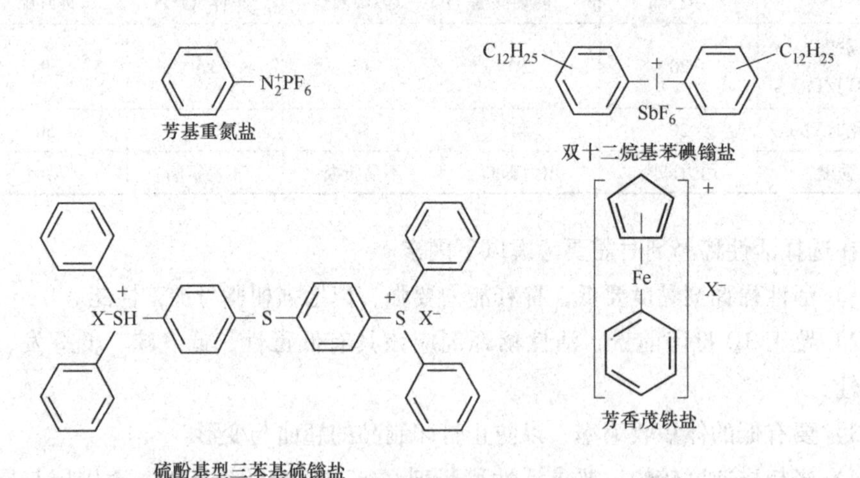

图 4-4　几种常用的阳离子型光引发剂分子式

2）自由基型光引发剂。自由基型光引发剂在紫外光的作用下产生活性自由基，接着活性自由基引发预聚物和反应性稀释剂发生反应，单体和预聚物的双键不断以连锁反应机理迅速聚合加成固化。自由基光引发体系优点有固化速度快、成本低、体系黏度小等。其缺点也是很明显的，如受表面氧的干扰，制件精度有所降低；反应后产生的应力变形大；主要引发双键聚合反应，固化时体积收缩率较大，成型制件翘曲变形大等。

裂解型自由基光引发剂，通常也称为 P Ⅰ 型光引发剂。这类光引发剂的主要原理是光引发剂分子吸收紫外光光能发生能级跃迁产生激发态，其激发态处于不稳定状态，其中较弱的键发生裂解，生成初级活性自由基，从而引发光敏树脂聚合交联。裂解型自由基光引发剂大多是芳基烷基酮类化合物。图 4-5 所示为几种裂解型自由基光引发剂。

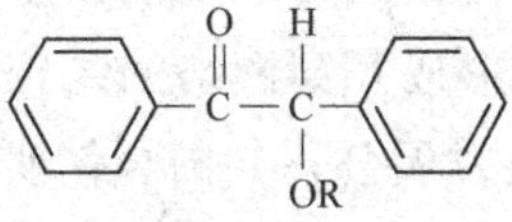

苯偶姻及其衍生物 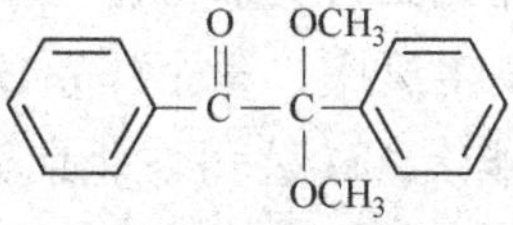　　a,a′-二甲基苯偶酰缩酮

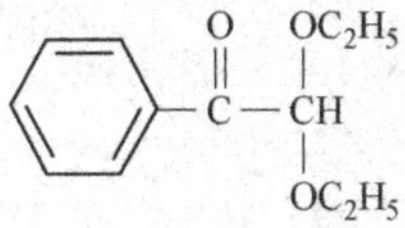

a,a′-二乙氧基苯乙酮 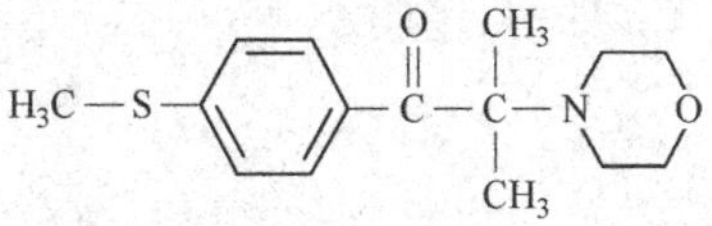　　2-甲基-1-(4-甲硫基苯基)-2-吗啉-1-丙酮

图 4-5　几种裂解型自由基光引发剂

夺氢型自由基光引发剂，通常也称为 P Ⅱ 型光引发剂。这类光引发剂吸收光能后，经系间窜越至三线激发态，进而从活性稀释剂、预聚物分子上夺取氢原子，使其成为活性自由基引发光敏树脂聚合。不同于裂解型自由基光引发剂的是，夺氢型自由基光引发剂需要助引发剂进行配合，光固化才能达到好的效果，助引发剂一般为脂肪族叔胺、乙醇类叔胺、叔胺型苯甲酸酯等叔胺类化合物。夺氢型自由基光引发剂都是杂环芳酮类或二苯甲酮类化合物。图 4-6 所示为典型的夺氢型自由基光引发剂。图 4-7 所示为夺氢型自由基引发剂的助引发剂。

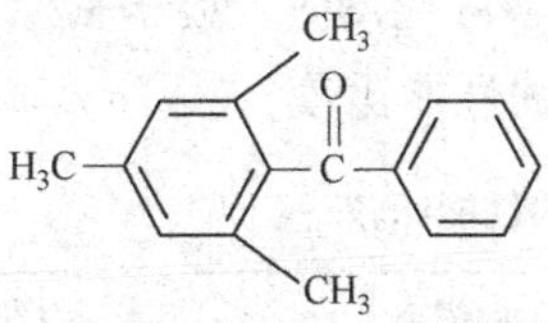

2,4,6-三甲基二苯甲酮 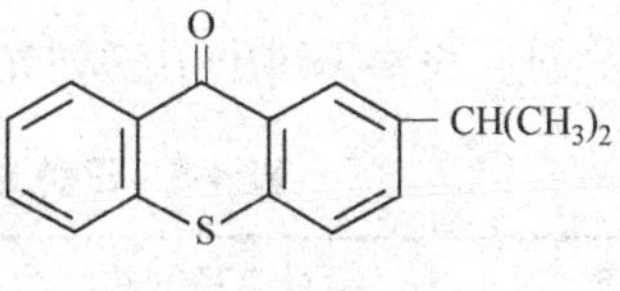　　异丙基硫杂蒽酮

图 4-6　典型的夺氢型自由基光引发剂

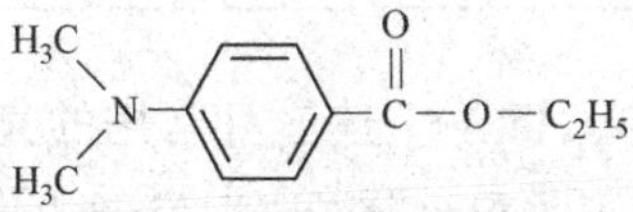

N,N-二甲基苯甲酸乙酯

图 4-7　夺氢型自由基引发剂的助引发剂

3）自由基-阳离子混杂型光引发剂。混杂型光引发剂是既含有能引发自由基聚合反应，又含有能引发阳离子聚合反应的一类引发剂。由于自由基光引发体系具有收缩大、翘曲变形大、受氧干扰严重、固化速度快等特点，阳离子光引发体系具有诱导期长、体积收缩小、受氧阻聚小等特点，因而开发了混杂型光引发剂。这类光引发剂结合了自由基型光引发剂与阳离子型光引发剂的特点，使两者相互补充获得更加稳定可靠的引发体系。如果以混杂型光引发剂引发光敏树脂体系发生反应，整个体系还有可能形成互穿网络的结构，从而可改善制件的力学性能。IGM 公司与北京英力科技发展公司共同合作研发的含自由基和阳离子双引发基团的混杂型光引发剂 Omnicat 550 和 Omnicat 650，如图 4-8 所示。

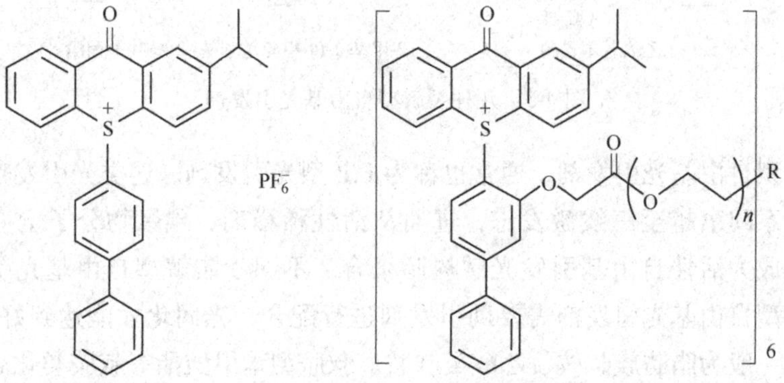

O
S+
PF_6^-
Omnicat 550
O
S+
O
O
O
R
n
6
Omnicat 650

图 4-8 两种混杂型光引发剂

以上三种光引发剂各有其优缺点，在进行实际应用时，应根据生产所需选择适当的光引发剂。表 4-3 列出了三种光引发剂的性能比较。

表 4-3 三种光引发剂的性能比较

光引发剂	固化速度（相对）	收缩率	引发剂价格
自由基	快	大	低
阳离子	慢	小	高
混杂型	中等	中等	中等

4）其他种类的光引发剂。除了上述三种常用的光引发剂外，也有一些其他类型的光引发剂。例如：为了改善小分子光引发剂的相容性、迁移性、气味等缺点的大分子光引发剂；用水代替活性稀释剂来调节树脂黏度，应用在此体系的水基光引发剂；可以运用可见光作为能量来源，在可见光的波段内引发聚合的可见

光引发剂等。

4.2.4 其他助剂

在一个光敏树脂配方中，除了上述的预聚物、活性稀释剂、光引发剂三种核心物质外，还必须含有一些其他助剂。这些助剂在光固化材料配方中虽然不如上面几种重要，但是对于产品最后的品质也十分重要。根据光固化材料使用场合的不同，助剂也有所不同。

1）颜料。颜料分为无机颜料与有机颜料。无机颜料多为金属氧化物，价格便宜，有较好的耐光性、耐热性以及较强的机械强度，但种类少，光泽偏暗；有机颜料颜色种类齐全，色彩鲜艳明亮，着色力强，分散性好，但是生产工艺复杂，价格较贵。

2）填料。填料一般为天然矿物料，来源广泛，化学稳定性好，便宜，能够均匀分散在基体树脂中。常用的填料有蒙脱土、碳酸钙、氢氧化铝等，由于它们的折射率与预聚物、活性稀释剂接近，因而在光敏树脂中，这些填料是“透明”的，不会影响光敏树脂吸收紫外光。加入填料的目的主要是降低配方成本，同时也能影响树脂的流变性。应用改性填料，还可以增加填料与基体材料的连接性，增加固化产物的力学性能、耐磨性与耐久性。

3）消泡剂。在光敏树脂中加入消泡剂后，能迅速分散成微小的液滴，最后气泡快速铺展，导致分子膜破裂，达到消泡的目的。光敏树脂在配置搅拌混合中会产生气泡，加入的流平剂、润湿剂等也会出现气泡，在打印过程中的刮平、平台下降时也会出现气泡。气泡的存在会使得制件变形、形成应力集中点，影响制件的力学性能，因而必须加入消泡剂进行抑制。常用的消泡剂有有机改性化合物、矿物油、低级醇（乙醇、正丁醇等）、有机硅树脂等。

4）流平剂。流平剂主要用来提高光敏树脂流动性能，使树脂能够流平的一种助剂。光固化3D打印过程中，每一层打印完成后都需要刮平再进行下一次的打印，如果流平性不好，刮平后会出现流挂、高低不平等现象，最后造成制件发生翘曲变形甚至是难以成型，因此光敏树脂液面的平整、光滑、均匀至关重要。

5）消光剂。任何物体的表面都能或多或少地对光进行反射，这是物体的一种固有特性。当物体表面受到光线照射时，物体会由于表面的光滑程度不同而使光线向四周产生不同程度的散射。光固化3D打印中，紫外光向下在光敏树脂表面扫描，如果光敏树脂的表面光泽度过高，会使得紫外光发生反射，这样会使得当前固化层固化不完全，累积下来会导致制件变形、力学性能大幅度降低。消光剂就是能够使光敏树脂表面产生一定的粗糙程度、明显降低树脂表面光泽度的助剂，其反射率应该尽量接近光敏树脂的反射率，这样可以使光敏树脂的透明程度、颜色不受影响。

6）阻聚剂。由于光敏树脂具有较高的反应活性，预聚物与活性稀释剂都是高反应性的丙烯酸酯类，引发剂又极易产生活性物质，这样的混合体系极易受到外界的光、热作用而引发反应，导致光敏树脂变质，很难长时间的存储，因而需要加入阻聚剂进行调节。阻聚剂就是能够阻止聚合反应发生的试剂，空气中的氧气就是一种很好的阻聚剂，氧气自身是双基自由基，与光敏树脂体系中的自由基结合，生成过氧化自由基，使得引发活性大大降低，从而起到阻聚的作用。常用的阻聚剂有酚类、醌类、芳胺类等。

4.3 常用的光敏树脂材料

4.3.1 环氧树脂

环氧树脂是一种高分子聚合物，分子式为（$C_{11}H_{12}O_3$）$_n$，是指分子中含有两个及以上环氧基团的一类聚合物的总称。它是环氧氯丙烷与双酚 A 或多元醇的缩聚产物。由于环氧基团的化学活性，可用多种含有活泼氢的化合物使其开环，固化交联生成网状结构，因此它是一种热固性树脂。

作为 3D 打印最常见的一种黏结剂，环氧树脂同时也是一种最常见的光敏树脂。作为聚合物的环氧树脂（Epoxy Resin）是由环氧预聚物（Epoxy Oligomer）与称之为固化剂（Hardener）的物质发生化学反应而形成的三维网状大分子聚合物。

环氧树脂的分子结构是以分子链中含有活泼的环氧基团为其特征，环氧基团可以位于分子链的末端、中间或成环状结构。由于分子结构中含有活泼的环氧基团，它们可以与多种类型的固化剂发生交联反应而形成不溶、不熔的具有三向网状结构的高聚物。

凡分子结构中含有环氧基团的高分子化合物统称为环氧树脂。固化后的环氧树脂具有良好的物理和化学性能，它对金属和非金属材料表面具有优异的黏结强度、介电性能良好、变定收缩率小、制件尺寸稳定性好、硬度高、柔韧性好，对碱及大部分溶剂稳定。

环氧树脂的改性方法通常有以下几种：选择固化剂，添加反应性稀释剂，添加填充剂，添加特种热固性或热塑性树脂，改良环氧树脂本身等。

环氧树脂按化学结构可大致分为以下几类。

缩水甘油醚类。其中的双酚 A 缩水甘油醚类环氧树脂（简称为双酚 A 型环氧树脂）是应用最广泛的环氧树脂，其化学结构如下。

$$CH_2—CH—CH_2—[O—C_6H_4—C(CH_3)_2—C_6H_4—O—CH_2—CH(OH)—CH_2]_n—O—C_6H_4—C(CH_3)_2—C_6H_4—O—CH_2—CH—CH_2$$
（两端 $CH_2—CH$ 经 O 成环氧基）

双酚 F 型环氧树脂的化学结构如下。

$$CH_2—CH—CH_2—[O—C_6H_4—C(CH_3)_2—C_6H_4—O—CH_2—CH(OH)—CH_2]_n—O—$$

$$C_6H_5—C(CH_2)(CH_2)—C_6H_4—OCH_2—CH—CH_2$$

双酚 S 型环氧树脂的化学结构如下。

$$CH_2—CH—CH_2—[O—C_6H_4—SO_2—C_6H_4—O—CH_2—CH(OH)—CH_2]_n—O—$$

$$C_6H_5—SO_2—C_6H_4—O—CH_2—CH—CH_2$$

氢化双酚 A 型环氧树脂的化学结构如下。

$$CH_2—CH—CH_2—[O—(H)—C(CH_3)_2—(H)—O—CH_2—CH(OH)—CH_2]_n—O—$$

$$(H)—C(CH_3)_2—(H)—O—CH_2—CH—CH_2$$

酚醛型环氧树脂的化学结构如下。

$$C_6H_4(O—CH_2—CH—CH_2)—[CH_2—C_6H_3(O—CH_2—CH—CH_2)]_n—CH_2—C_6H_4(O—CH_2—CH—CH_2)$$

脂肪族缩水甘油醚树脂的化学结构如下。

$$CH_2-O-CH_2-\underset{O}{CH-CH_2}$$
$$CH-O-CH_2-\underset{O}{CH-CH_2}$$
$$CH_2-O-CH_2-\underset{O}{CH-CH_2}$$

溴代环氧树脂的化学结构如下。

$$\underset{O}{CH_2-CH}-CH_2-\left[O-C_6H_2Br_2-C(CH_3)_2-C_6H_2Br_2-O-CH_2-\underset{OH}{CH}-CH_2\right]_n-O-$$

$$C_6H_3Br_2-C(CH_3)_2-C_6H_2Br_2-O-CH_2-\underset{O}{CH-CH_2}$$

缩水甘油酯类。

$$C_6H_4(COOCH_2-\underset{O}{CH-CH_2})_2$$

缩水甘油胺类。

$$\begin{matrix}R \\ R'\end{matrix}\!>N-CH_2-\underset{O}{CH-CH_2}$$

其中四缩水甘油二氨基二苯甲烷的化学结构如下。

$$\left(\underset{O}{CH_2-CH}-CH_2\right)_2N-C_6H_4-CH_2-C_6H_4-N\left(CH_2-\underset{O}{CH-CH_2}\right)_2$$

脂环族类。

$$\left(O-CH_2-\underset{O}{CH-CH_2}\right)C_6H_4-\left[CH_2-C_6H_3\left(O-CH_2-\underset{O}{CH-CH_2}\right)\right]_n-CH_2-C_6H_4\left(O-CH_2-\underset{O}{CH-CH_2}\right)$$

环氧化烯烃类。

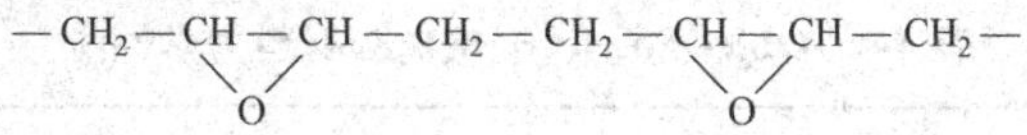

$$-CH_2-\underset{\diagdown O \diagup}{CH-CH}-CH_2-CH_2-\underset{\diagdown O \diagup}{CH-CH}-CH_2-$$

新型环氧树脂。

海因环氧树脂的化学结构如下。

O　COOCH$_2$　O
CH$_3$　H$_3$C

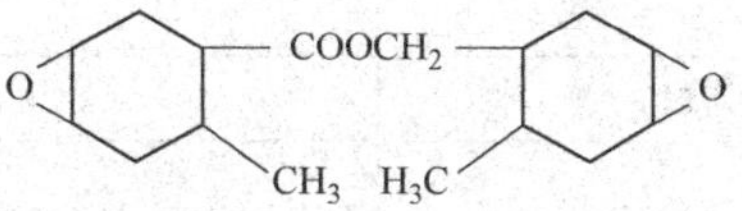

酰亚胺环氧树脂的化学结构如下。

R
R′—C—C=O
CH$_2$—CH—CH$_2$—N　N—CH$_2$—CH—CH$_2$
O　C　O
O

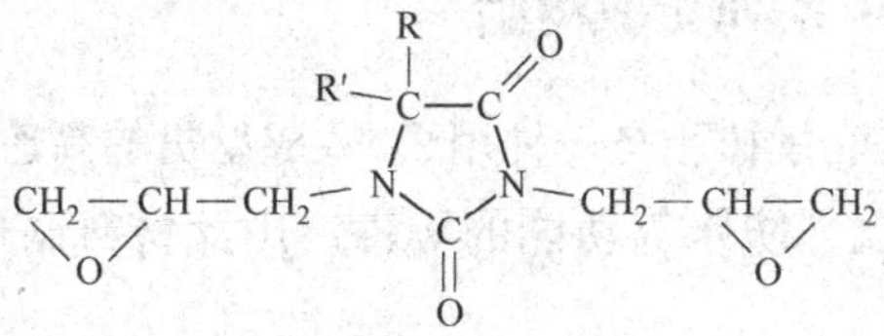

4.3.2　丙烯酸树脂

丙烯酸树脂就是由丙烯酸酯类、甲基丙烯酸酯类为主体，辅之以功能性丙烯酯类及其他乙烯单体类，通过共聚合所合成的树脂。丙烯酸树脂一般分为溶剂型热塑性丙烯酸树脂和溶剂型热固性丙烯酸树脂、水性丙烯酸树脂、高固体丙烯酸树脂、辐射固化丙烯酸树脂及粉末涂料用丙烯酸树脂等。丙烯酸树脂色浅、水白透明，涂膜性能优异，耐光、耐候性佳，耐热、耐过度烘烤，耐化学品性及耐腐蚀等性能都极好。因此，用丙烯酸树脂制造的涂料，用途广泛、品种繁多。不同丙烯酸树脂的品种性能影响了涂料产品的性能，这些都与丙烯酸树脂的组成、结构有关。影响丙烯酸树脂性能的因素主要是相对分子质量分布及大小、单体的化学结构、玻璃化转变温度等。

用丙烯酸酯和甲基丙烯酸酯单体共聚合成的丙烯酸树脂对光的主吸收峰处于太阳光谱范围之外，所以制得的丙烯酸树脂漆具有优异的耐光性及抗户外老化性能。

4.3.3　Objet Polyjet 光敏树脂材料

Objet Polyjet 光敏树脂材料是接近 ABS 材料的光敏树脂，表面光滑细腻，是能够在一个单一的三维打印模型中结合不同的成型材料添加剂而制成（软硬胶结合、透明与不透明材料结合）的材料。表 4-4 列出了 Objet Polyjet 光敏树脂材料力学性能。

表 4-4 Objet Polyjet 光敏树脂材料力学性能

性　能	参　数
拉伸强度	50~60MPa
极限伸长率	10%~20%
弯曲强度	75~110MPa
艾氏耐冲击强度（切口）	20~30J/m
热变形温度	40~50℃

4.3.4 DSM Somos 系列光敏树脂

DSM Somos 14120 光敏树脂是一种用于 SL 成型机的高速液态光敏树脂，能制作具有高强度、耐高温、防水等功能的零件，用此材料制作的零部件外观呈乳白色。

DSM Somos 14120 光敏树脂与其他耐高温光固化材料不同的是，此材料经过后期高温加热后，拉伸强度明显增加，同时断裂伸长率仍然保持良好。这些性能使得此材料能够理想地应用于汽车及航空等领域内需要耐高温的重要部件上。

DSM Somos GP Plus 是 DSM Somos 14120 光敏树脂的升级换代产品，用 DSM Somos GP Plus 制造的部件是白色不透明的，性能类似工程塑料 ABS 和 PBT。DSM Somos GP Plus 用于汽车、航天、消费品工业等多个领域，此材料通过了 USP ClassⅥ和 ISO10993 认证，也可以用于一定的生物医疗、牙齿和皮肤接触类的应用。DSM Somos Water Shed11120 光敏树脂是一种用于 SL 成型机的低黏度液态光敏树脂，用此材料制作的样件呈淡绿色透明（类似于平板玻璃）。DSM Somos 11122 是 DSM Somos Water Shed11120 的升级换代产品。DSM Somos Water Shed11120 及 DSM Somos 11122 光敏树脂性能优越，该材料类似于传统的工程塑料（包括 ABS 和 PB 等）。它能理想地应用于汽车、医疗器械、日用电子产品的样件制作，还被应用到水流量分析、风管测试以及室温硫化硅橡胶模型、可存放的概念模型、快速铸造模型的制造方面。DSM Somos 11122 已通过美国医学药典认证。

DSM Somos 19120 材料为粉红色材质，是一种铸造专用材料。它成型后可直接代替精密铸造的蜡模原型，避免开发模具的风险，大大缩短周期，拥有低留灰烬和高精度等特点。它是专门为快速铸造设计的一种不含锑元素的光敏树脂，可理想应用于铸造业，由于完全不含锑，排除了残留物危害专业合金的风险。不含锑使快速成型的母模燃烧更充分，残留灰烬明显比传统的燃烧快速成型母模少。

DSM Somos 112材料看上去更像是真实透明的塑料，具有优秀的防水和尺寸稳定性，能提供包括ABS和PBT在内的多种类似工程塑料的特性，这些特性使它很适合应用于汽车、医疗以及电子类产品领域。

DSM Somos Next为白色材质，类PC新材料，材料韧性非常好，如电动工具手柄等基本可替代SLS制作的尼龙材料性能，而精度和表面质量更佳。DSM Somos Next制作的部件拥有迄今最先进的刚性和韧性结合，这是热塑性塑料的典型特征，同时保持了光固化立体造型材料的所有优点，做工精致、尺寸精确、外观漂亮。力学性能的独特结合是DSM Somos Next区别于以前所有的SL材料的关键优势所在。DSM Somos Next制作的部件非常适合于功能性测试应用，以及对韧性有特别要求的小批量产品。它的部件经后处理，其性能就像是工程塑料。这意味着可以用它来做功能性测试，部件的制作速度、后处理时间都说明其全面优异。DSM Somos Next的主要力学性能见表4-5。

表4-5　DSM Somos Next的主要力学性能

测试方法	性　能	参　数
D638M	弹性模量	2370~2490MPa
D638M	拉伸断裂强度	31.0~34.6MPa
D638M	拉伸屈服强度	41.1~43.3MPa
D638M	断裂伸长率	8%~10%
D638M	屈服伸长率	2%
D638M	泊松比	0.42~0.44
D790M	弯曲强度	67.8~70.8MPa
D790M	弯曲模量	2415~2525MPa
D2240	硬度	82HRA
D256A	缺口冲击强度	0.47~0.52J/cm
D570-98	吸水率	0.39%~0.41%

DSM Somos Next在3D打印领域的主要应用包括航空航天、汽车、生活消费品和电子产品。它也非常适合于生产各种具有功能性用途的产品原型，包括卡扣组装设计、叶轮、管道连接器、电子产品外壳、汽车内外部饰件、仪表盘组件和体育用品等。DSM Somos的材料涵盖了多种行业和应用领域，其利用提升材料性能拓展了快速成型技术的应用，使快速成型技术发挥了更大的作用。

参考文献

[1] LEE K W, WANG S F, FOX B C, et al. Poly (propylene fumarate) bone tissue engineering scaffold fabrication using stereolithography: effects of resin formulations and laser parameters [J]. Biomacromolecules, 2007, 8 (4): 1077-1084.

[2] HUANG B W, DENG C, XU Q C, et al. Synthesis of a novel UV-curable oligmer 1, 4-cyclohexanedimethanol glycidyl ether acrylate and study on its UV-curing properties [J]. Journal of Wuhan University of Technology-Mater. Sci. Ed. 2014, 29 (6): 1283-1289.

[3] 赵君. 光固化快速成型用光敏树脂的制备及其增韧改性 [D]. 镇江: 江苏科技大学, 2016.

[4] 李富生. 紫外光固化环氧丙烯酸酯/SiO_2 (TiO_2) 纳米复合涂层的研究 [D]. 上海: 复旦大学, 2006.

[5] LIU R Z, LIN Y F, HU F B, et al. Observation of emerging photoinitiator additives in household environment and sewage sludge in China [J]. Environmental Science & Technology, 2016, 50 (1): 97-104.

[6] 陈健, 杨云峰. 环氧树脂增韧改性研究进展 [J]. 工程塑料应用, 2014, 42 (5): 130-132.

[7] 谭骏, 奚林, 陶蕾, 等. 含 POSS 的纳米杂化物对环氧树脂改性研究 [J]. 塑料工程, 2015, 4 (3): 54-58.

[8] WU Y B, CHEN Y X, YAN J H, et al. Fabrication of conductive polyaniline hydrogel using porogen leaching and projection microstereolithography [J]. Journal of Materials Chemistry B, 2015, 3 (26): 5352-5360.

[9] ZOU Z P, LIU X B, WU Y P, et al. Hyperbranched polyurethane as a highly efficient toughener in epoxy thermosets with reaction-induced microphase separation [J]. RSC Advances, 2016, 6 (22): 18060-18070.

[10] CUI Y B, KUNDALWAL S I, KUMAR S. Gas barrier performance of graphene/polymer nanocomposites [J]. Carbon, 2016, 98: 313-333.

第5章　3D打印无机非金属材料

无机非金属材料是以某些元素的氧化物、碳化物、氮化物以及卤素化合物、硼化物和硅酸盐、铝酸盐、磷酸盐、硼酸盐等物质组成的材料，是除有机高分子材料和金属材料以外的所有材料的统称。无机非金属材料的提法是20世纪40年代以后，随着现代科学技术的发展从传统的硅酸盐材料演变而来的。无机非金属材料是与有机高分子材料和金属材料并列的三大材料之一。

在晶体结构上，无机非金属的晶体结构远比金属复杂，并且没有自由的电子，具有比金属键和纯共价键更强的离子键和混合键。这种化学键所特有的高键能、高键强赋予这一大类材料以高熔点、高硬度、耐腐蚀、耐磨损、高强度和良好的抗氧化性等基本属性，以及宽广的导电性、隔热性、透光性和良好的铁电性、铁磁性和压电性。

无机非金属材料是3D打印材料的重要成员。由于无机非金属材料的熔点远高于金属或者高分子材料，无法直接用激光烧结或热烧结的方法进行加工，因此成型时必须加入黏结剂。3D打印用无机非金属材料主要包括用于构建骨架的无机粉末和用于塑性的黏结剂两个部分，而两者必须满足一定的条件才可用于3D打印。

5.1　陶　　瓷

陶瓷是陶器与瓷器的统称。传统陶瓷又称为普通陶瓷，是以黏土等天然硅酸盐为主要原料烧成的制品。现代陶瓷又称为新型陶瓷、精细陶瓷或特种陶瓷，常用非硅酸盐类化工原料或人工合成原料，如氧化物（氧化铝、氧化锆、氧化钛等）和非氧化物（氮化硅、碳化硼等）制造。陶瓷具有优异的绝缘性、耐腐蚀、耐高温、硬度高、密度低、耐辐射等诸多优点，已在国民经济各领域得到广泛应用。传统陶瓷制品包括日用陶瓷、建筑卫生陶瓷、工业美术陶瓷、化工陶瓷、电气陶瓷等，种类繁多，性能各异。随着高新技术工业的兴起，各种新型特种陶瓷也获得较大发展，已日趋成为卓越的结构材料和功能材料。它们具有比传统陶瓷更高的耐温性能和力学性能、特殊的电性能和优异的耐化学性能。

陶瓷 3D 打印主要运用的材料按照形态可分为浆材、粉材、丝材、片材。浆材一般由有机物液体和陶瓷粉末混合搅拌制得，主要应用于 DIW 技术、SLA 技术；粉材是陶瓷粉末和有机物颗粒的混合粉末或陶瓷粉末，主要应用于 SLM 技术、SLS 技术、3DP 技术；丝材主要是应用于 FDM 技术的热熔性丝状材料；片材是指陶瓷材料薄膜，主要用于 LOM 技术。

5.1.1 磷酸三钙陶瓷（TCP）

磷酸三钙陶瓷（TCP）又称为磷酸三钙，存在多种晶型转变，主要分为 β-TCP 和 α-TCP。磷酸三钙的化学组成与人骨的矿物相似，与骨组织结合好，无排异反应，是一种良好的骨修复材料。磷酸三钙天然的生物学性能使其广泛应用于医学领域，如图 5-1 所示。

图 5-1 3D 打印用生物陶瓷支架磷酸三钙样件

5.1.2 氧化铝陶瓷

氧化铝陶瓷是氧化物陶瓷中应用最广、用途最宽、产量最大的陶瓷材料。氧化铝陶瓷具有高抗弯强度、高硬度、优良的抗磨损性等特性，被广泛地应用于制造刀具、磨轮、球阀、轴承等，其中以 Al_2O_3 陶瓷刀具应用最为广泛。传统工艺制备氧化铝陶瓷件工序复杂、生产时间长，3D 打印技术大幅提高了氧化铝陶瓷的生产率，从而降低了生产成本。氧化铝球如图 5-2 所示。

5.1.3 陶瓷先驱体

陶瓷先驱体是用化学方法合成的一类聚合物。陶瓷先驱体在惰性气体保护的热处理过程中受热分解成 SiC、Si_3N_4、BN、AlN、SiOC、SiNC 等陶瓷基复合材

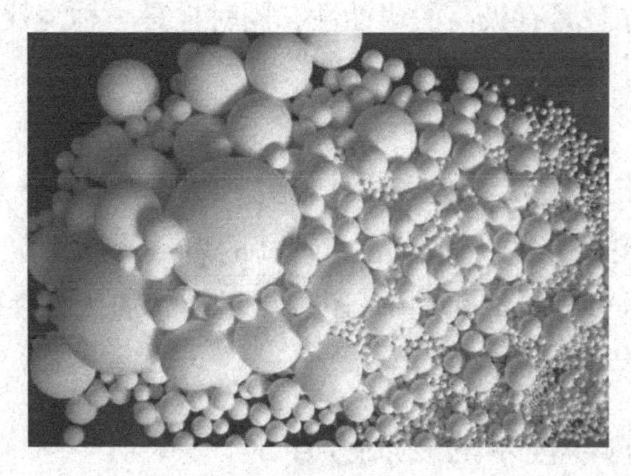

图 5-2　氧化铝球

料。陶瓷先驱体普遍具有稳定的化学性能及优良的力学性能和独特的电学性能，目前许多研究利用几种陶瓷先驱体进行交联或向陶瓷先驱体混入其他化学物质等方法以期获得更卓越的性能。

5.1.4　SiC 陶瓷

SiC 陶瓷又称为金刚砂，具有高的抗弯强度、优良的抗氧化性与耐蚀性、高的抗磨损性以及低的摩擦系数等力学性能。SiC 陶瓷在已知陶瓷材料中具有最佳的高温力学性能（强度、抗蠕变性等），其抗氧化性在所有非氧化物陶瓷中也是最好的。SiC 陶瓷膜滤芯如图 5-3 所示。

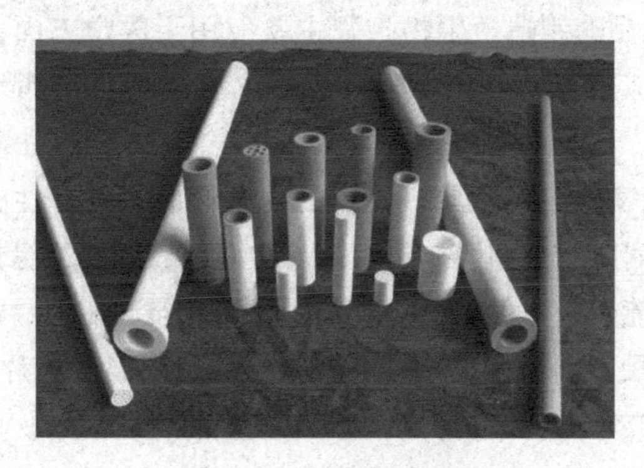

图 5-3　SiC 陶瓷膜滤芯

5.1.5　Si_3N_4 陶瓷

Si_3N_4 陶瓷具有高强度、低密度、耐高温等特性，是一种优异的高温工程材料。它的强度可以维持到 1200℃ 的高温而不下降，受热后不会熔成熔体，一直到

1900℃才会分解，并且具有极高的耐蚀性，同时也是一种高性能电绝缘材料。

5.1.6 Ti_3SiC_2 陶瓷

碳化钛陶瓷的主要成分为碳化钛硅化合物（Ti_3SiC_2），是一种新型陶瓷材料。Ti_3SiC_2 不仅具有陶瓷的优良性能（较高的熔点、热稳定性、屈服强度和高温强度及良好的耐蚀性和抗氧化性），还兼具了金属的优异性能（常温时具有良好的导热、导电性能）。

5.1.7 陶瓷 3D 打印技术的发展趋势

陶瓷 3D 打印有诸多优点，如复杂的生产程序变得简单化，极大减少了人力和物力的投入，缩短了产品制造的时间，节约了材料，降低了成本，解决结构复杂零件难以加工的问题。目前，陶瓷 3D 打印的市场需求主要包括以下 3 个方面。

1）与传统陶瓷工艺相结合，实现陶瓷制品的快速生产。一般陶瓷制品如日用陶瓷，须应对多样化的市场需求，应加快产品的开发、生产速度，满足用户的定制要求。传统陶瓷制造工艺包括注浆成型、压制成型等。传统陶瓷制造工艺周期长，后期再加工工艺烦琐，且在制作特殊形状制品时需要不同的模具，无法同时满足定制用户对于时间及式样的双重需求。陶瓷 3D 打印满足市场发展需要，在陶瓷工业的升级转型中脱颖而出。

2）生物陶瓷制品的制造。生物陶瓷主要应用于医学方面，生物陶瓷特有的可降解性使其主要应用于医用支架等。生物陶瓷 3D 打印将带动高端医疗领域的突破发展。

3）高性能陶瓷零件。陶瓷具有优良的化学性能、物理性能和力学性能，如高强度、高硬度、耐磨、耐高温、耐腐蚀、防潮、良好的绝缘性、一定的抗急冷急热等性能。高性能陶瓷零件在航空航天、高端武器、船舶、汽车、电子等领域具有良好的应用前景，如可在航天飞机上应用的耐高温陶瓷片等。陶瓷 3D 打印技术的应用将使陶瓷零件在高精尖领域具有极大的发展前景。

陶瓷 3D 打印的产业化应用还未全面成形，其难点在于实现其高效率、高品质的生产，同时高致密度的大型复杂零件的制造也是其亟待解决的问题，因此对陶瓷 3D 打印设备及材料的研究引起了国内外学者的广泛关注。近年来我国对增材制造的发展更加重视，实现陶瓷 3D 打印开展大规模产业化应用将是我国乃至世界的发展目标。

国外对于陶瓷 3D 打印的研究较国内成熟许多，尤其是在生物陶瓷制品即医学方面的应用。我国3D打印研究起步较晚，经国家政策大力支持，目前我国许多高校成立了实验室并出现了一批生产3D打印机的企业，但是针对陶瓷3D打印开展大规模产业化应用仍十分困难。

陶瓷3D打印的出现对陶瓷产业的影响作用是巨大的，并且对陶瓷应用于航空航天、高端武器、电子等高精尖产业带来的效益无法估量。根据我国科技部组织制定的《“十三五”先进制造技术领域科技创新专项规划》，可预见陶瓷3D打印光明的发展前景。

5.2　石　　膏

5.2.1　石膏简介

石膏为长块状或不规则的纤维状的结晶集合体，大小不一，全体白色至灰白色，大块的石膏上下两面平坦，无光泽及纹理，体重质松，易分成小块。石膏的化学本质是硫酸钙，通常所说的石膏是指生石膏，化学本质是二水硫酸钙（$CaSO_4 \cdot 2H_2O$）。当其在干燥条件下（128℃）会失去部分结晶水变为β-半水石膏，其化学本质是β-半水硫酸钙（$\beta\text{-}CaSO_4 \cdot 1/2H_2O$）；当其在饱和蒸汽压下会失去部分结晶水变为α-半水石膏，其化学本质是α-半水硫酸钙（$\alpha\text{-}CaSO_4 \cdot 1/2H_2O$）。这两个半水石膏化学式相同，但结构不同。它们继续脱去结晶水后，形成无水石膏，化学本质是无水硫酸钙（$CaSO_4$）。石膏粉如图5-4所示。

图5-4　石膏粉

二水硫酸钙和无水硫酸钙用途比较广泛，在食品、农业、化工、涂料等多方面都有应用。半水硫酸钙具有较好凝胶性质，遇水可固结形成一定强度的材料，其中β-半水硫酸钙多用于建筑行业，α-半水硫酸钙多用于模具制造等。

5.2.2 石膏材料的特点

石膏是以硫酸钙为主要成分的气硬性胶凝材料，由于石膏胶凝材料及其制品有许多优良性质，原料来源丰富，生产能耗低，因而被广泛地应用于土木建筑工程领域。

石膏的微膨胀性使得石膏制品表面光滑饱满，颜色洁白，质地细腻，具有良好的装饰性和加工性，是用来制作雕塑的绝佳材料。石膏材料相对其他诸多材料而言有着诸多优势。

1）精细的颗粒粉末，颗粒直径易于调整。

2）价格相对低，性价比高。

3）安全环保，无毒无害。

4）模型表面：沙粒感、颗粒状。

5）颜色：材料本身为白色，打印模型可实现彩色。

6）典型应用：唯一支持全彩色打印的材料，建筑模型展示。

5.2.3 石膏在 3D 打印中的应用

1. 骨折部位支撑保护架

骨折事件本身并不是最悲惨的，最糟糕的是骨折后将要采取的治疗。骨折后一般会在骨折部位打石膏，人们的行动会十分不便。毕业于新西兰维多利亚大学的学生利用三维打印机创建出一种新型石膏，这种石膏重量较轻且可进行弯曲。这种保护架可针对每个病人进行个性化设计，并可依据受伤的严重程度设计。此外，这种框架仅仅会保护受伤部位，其他部位则不需要被固定。这种新型石膏的优点在于其轻便耐用的设计，且可以清洗，有助于皮肤“呼吸”。

2. 快速成型石膏人偶

克隆就是复制和翻倍一个物品。武汉光谷商家引进 3D 色彩人像摄影新技术系统已经开始投入运行，该技术采用专业扫描仪，对人体进行快速立体扫描，在计算机上存储数据，运用高强度复合石膏粉，经过 3D 打印机很快就可以“打”出高度 15~30cm 不等的人偶（图 5-5）。

3. 骨骼打印

高纯度半水硫酸钙，具有良好的生物相容性、生物可吸收性、骨传导性、快速吸收特性、易加工性和高力学性能等优点，凭借这些优势，最早应用在整形外科或齿科材料中。众多研究结果均表明，硫酸钙基材料可以用作骨修复材料，也是最早应用于组织修复的材料。

图5-5　3D打印石膏人偶

3D打印衣服、鞋子、汉堡等已不是新鲜事了，据国外媒体报道，美国的一名患者成功接受一例具有开创性的手术，用3D打印头骨替代75%的自身头骨。不仅如此，我们还希望利用3D打印为更多的患者修复其他部位的缺失或者受损的骨骼。当然，在选择打印材料的同时，我们推荐选用纯天然、安全环保、无毒无害的硫酸钙（石膏）。

3D打印机为了适合不同行业的需求，提供“轻盈小巧”和“大尺寸”的多样化选择。已有多款小巧的3D打印机，并在不断挑战“轻盈小巧”极限，为未来进入家庭奠定基础。而打印材料的发展也尤为重要，3D打印全靠有“米”下锅，石膏作为性价比高的打印材料，取材广泛，价廉易得，毒副作用极小，随着人们研究的深入，石膏在3D打印方面的应用将有更广阔的发展前景。

5.3　淀　　粉

淀粉是高分子碳水化合物，是由单一类型的糖单元组成的多糖。淀粉的基本构成单位为α-D-吡喃葡萄糖，葡萄糖脱去水分子后经由糖苷键连接在一起所形成的共价聚合物就是淀粉分子。

淀粉属于多聚葡萄糖，游离葡萄糖的分子式以$C_6H_{12}O_6$表示，脱水后葡萄糖单位则为$C_6H_{10}O_5$，因此，淀粉分子可写成（$C_6H_{10}O_5$）$_n$，n为不定数。组成淀粉分子的结构单体（脱水葡萄糖单位）的数量称为聚合度，以DP表示。

淀粉分为直链淀粉和支链淀粉。直链淀粉是D-六环葡萄糖经α-1，4-糖苷键连接组成；支链淀粉的分支位置为α-1，6-糖苷键，其余为α-1，4-糖苷键。

直链淀粉含几百个葡萄糖单元，支链淀粉含几千个葡萄糖单元。在天然淀粉中直链的占 20%~26%，它是可溶性的，其余的则为支链淀粉。直链淀粉分子的一端为非还原末端基，另一端为还原末端基，而支链淀粉分子具有一个还原末端基和许多非还原末端基；当用碘溶液进行检测时，直链淀粉液呈现深蓝色，吸收碘量为 19%~20%，而支链淀粉与碘接触时则变为紫红色，吸收碘量为 1%。

5.3.1 淀粉材料性能

1）吸附性质。淀粉可以吸附许多有机化合物和无机化合物，直链淀粉和支链淀粉因分子形态不同具有不同的吸附性质。直链淀粉分子在溶液中分子伸展性好，很容易与一些极性有机化合物如正丁醇、脂肪酸等通过氢键相互结合，形成结晶性复合体而沉淀。

2）溶解度。淀粉的溶解度是指在一定温度下，在水中加热 30min 后，淀粉样品分子的溶解质量分数。淀粉颗粒不溶于冷水，受损伤的淀粉或经过化学改性的淀粉可溶于冷水，但溶解后的润胀淀粉不可逆。随着温度的上升，淀粉的膨胀度增加，溶解度加大。

3）糊化。将淀粉悬浮液进行加热，淀粉颗粒开始吸水膨胀，达到一定温度后，淀粉颗粒突然迅速膨胀，继续升温，体积可达原来的几十倍甚至数百倍，悬浮液变成半透明的黏稠状胶体溶液，这种现象称为淀粉的糊化。淀粉发生糊化现象的温度称为糊化温度。即使同一品种的淀粉，因为存在颗粒大小的差异，因此糊化难易程度也各不相同，所需糊化温度也不是一个固定值。

4）回生。糊化的淀粉在稀糊状态下放置一定时间后会逐渐变浑浊，最终产生不溶性的白色沉淀。而在浓糊状态下，可形成有弹性的胶体，这种现象称为淀粉的回生，也称为淀粉的老化或凝沉。

5）膨胀能力。加热淀粉乳，淀粉颗粒会膨胀。对于不同种类淀粉，其颗粒膨胀能力不同。将淀粉乳样品在一定温度水浴中加热 30min，然后离心，倾出上清液，将沉淀的颗粒称重，淀粉膨胀后沉淀颗粒的重量与原来干淀粉重量之比称为膨胀能力。

6）临界浓度。淀粉的临界浓度是指淀粉在 95℃ 条件下膨胀后正好将 100mL 水全部吸收，无游离水遗留的干基重量。当淀粉浓度超过临界值时，淀粉将形成膨胀粒的连续相，全部自由水都被截留；低于临界值将会有游离水分存在。工业上应用的淀粉糊浓度远高于临界浓度，淀粉的临界浓度是配制一定黏度糊所需要淀粉量的依据。

5.3.2　淀粉在3D打印中的应用

淀粉材料经微生物发酵成乳酸，再聚合成聚乳酸（PLA），和传统的石油基塑料相比，聚乳酸更为安全、低碳、绿色。聚乳酸的单体乳酸是一种广泛使用的食品添加剂，经过体内糖酵解最后变成葡萄糖。聚乳酸产品在生产使用过程中，不会产生任何有毒有害物质。

聚乳酸材料属于环境友好型材料，和传统塑料废弃后对环境造成破坏不同的是，废弃的聚乳酸产品，能进行生物降解，通过大自然微生物自然降解为水和氧化碳，这个过程只要6~12个月，是真正对环境友好的材料。聚乳酸材料虽然很强大，但是它同时也有弱点，如耐热和耐水解能力较差，这对聚乳酸产品的使用产生了诸多限制。

聚乳酸是常见的3D打印材料，但是其在温度高于50℃时就会变形，限制了它在餐饮和其他食品相关方面的应用。但是如果通过无毒的成核剂加快聚乳酸的结晶化速度就可以使聚乳酸的耐热温度提高，达到100℃。利用这种改良的聚乳酸材料可以打印餐具和食品级容器、袋子、杯子、盖子。这种材料还能用于非食品级应用，如制作电子设备的元件，可以说是3D打印的理想材料。

爱尔兰Biome Plastics公司以土豆淀粉制造的生物塑料为原料，将其制成适合3D打印的线材Biome 3D。

研究结果表明，基于土豆淀粉的Biome 3D线材兼具卓越的表面光洁度和优异的柔韧性，很容易处理并具有出色的打印细节。此外，Biome 3D线材还可支持更高的打印速度，而且其脆性比普通的PLA要低。Biome 3D线材强度很高，尽管还不如PET，但它在需要一定程度弯曲的应用中的用处要远远超过基于玉米的PLA线材。如图5-6所示，这种材料在从喷嘴中挤出时，底部可能有一点聚集，但最终打印出来的3D对象还是相当不错的。

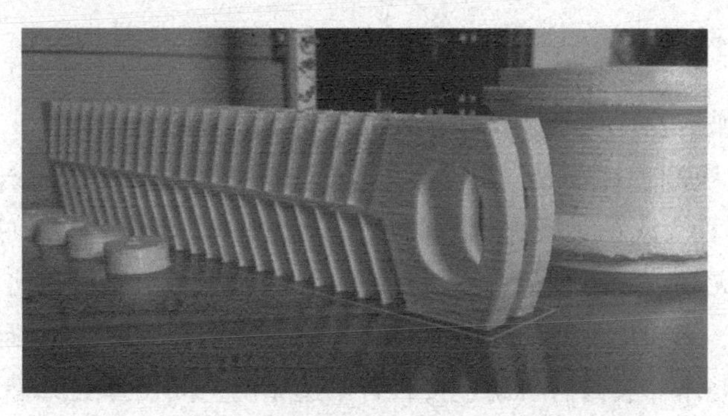

图5-6　基于土豆淀粉的生物塑料3D打印产品

5.4 砂　　岩

5.4.1 砂岩简介

砂岩是一种沉积岩，主要由各种砂粒胶结而成的，颗粒直径在 0.05~2mm，其中砂粒含量要大于 50%，结构稳定，通常呈淡褐色或红色，主要含硅、钙、黏土和氧化铁。绝大部分砂岩是由石英或长石组成的。

砂岩是源区岩石经风化、剥蚀、搬运在盆地中堆积形成。岩石由碎屑和填隙物两部分构成。碎屑常见矿物包括石英、长石、白云母、方解石、黏土矿物、白云石、绿泥石等。填隙物包括胶结物和碎屑杂基两种组分。常见胶结物有硅质和碳酸盐质胶结物；碎屑杂基成分主要是指与碎屑同时沉积的颗粒更细的黏土或粉砂质物。虽然国内的砂岩品种非常多，但主要集中在四川、云南和山东，这是中国砂岩的三大产区，同时河北、河南、山西、陕西等也有，但是产品知名度不高，影响力较小。

砂岩一般分类方式有以下两种。

一是按砂粒的直径划分：巨粒砂岩（2~1mm）、粗粒砂岩（1~0.5mm）、中粒砂岩（0.5~0.25mm）、细粒砂岩（0.25~0.125mm）、微粒砂岩（0.125~0.0625mm），以上各种砂岩中，相应粒级含量应在 50%以上。

二是按岩石（矿物）类型划分：石英砂岩（石英和各种硅质岩屑的含量占砂级岩屑总量的 95%以上）；石英杂砂岩、长石砂岩（碎屑成分主要是石英和长石，其中石英含量低于 75%、长石超过 18.75%）；长石杂砂岩、岩屑砂岩（碎屑中石英含量低于 75%，岩屑含量一般大于 18.755%，岩屑/长石比值大于 3）；岩屑杂砂岩。

5.4.2 砂岩性能

作为一种被广泛应用于建筑和家装的材料，砂岩的优点如下。

1）隔音、吸潮、抗破损，户外不风化，水中不溶化，不长青苔，易清理等。

2）作为一种无光污染、无辐射的优质天然石材，对人体无放射性伤害。它吸光、无味、无辐射、不褪色、冬暖夏凉、温馨典雅；与木材相比，不开裂、不变形、不腐烂、不褪色。产品安装简单化，只要用云石胶就能把雕刻品固定在墙上，产品能够与木作装修有机的连接，背景造型的空间发挥更完善，克服了石材传统安装烦琐的缺点，并减少安装成本。装饰好的房子无须增加其他工序和油漆就能直接把雕刻品安装上墙。

3）可作为一种暖色调的装饰用材，素雅而温馨，协调而不失华贵；具有石的质地，木的纹理，还有壮观的山水画面，色彩丰富，贴近自然，古朴典雅，在众多的石材中独具一格而被人美谓“丽石”。

5.4.3　砂岩在3D打印中的应用

砂岩在用作建筑材料时，不可避免会产生一些碎屑，带来严重的环境污染，将其与3D打印相结合，变废为宝，该方案具有重大的科学及经济意义：既环保又节约资源。

全新的3D打印砂岩材料，可看作是在传统较粗糙的砂岩材料表面增加了一层UV树脂的涂层，令其打印出的表面更加明亮，增加打印对象的表现力，相机拍摄出的照片效果更好，好似大理石质感。这种极具光泽的表面，可以增强色彩的表面力，对于深色调的效果尤为明显。

但是，砂岩作为3D打印材料，虽然色彩感较强，却有很大的局限性，其材质较脆，基本上一摔即碎，不利于长期保存，这是需要尽快解决的问题。

砂岩3D打印产品如图5-7所示。

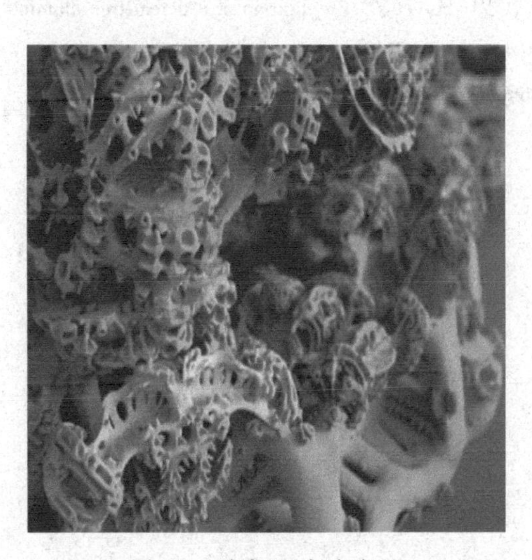

图5-7　砂岩3D打印产品

参考文献

[1] TRAVITZKY N, BONE T A, DERMEIK B, et al. Additive manufacturing of ceramic-based material [J]. Advanced Engineering Materials, 2014, 16 (6): 729-754.

[2] SCHWARTZWALDER K. Injection molding of ceramic materials [C]. Conference on Electrical Insulation. IEEE, 2016, 43 (2): 151-157.

[3] LANGE F F. Forming a ceramic by flocculation and centrifugal casting: US 4624808 [P]. 1986-11-25.

[4] KIRIHARA S. Stereolithographic 3D printing by using functional ceramics particles [J]. Journal of the Research Association of Powder Technology Japan, 2014, 51 (7): 519-526.

[5] 邓先功, 王军凯, 杜爽, 等. 发泡法、三维打印法、熔盐法制备多孔陶瓷 [J]. 材料导报, 2015, 29 (5): 109-116.

[6] WANG F, LI K, CAO C, et al. Research status and prospect of selective laser sintering molding materials [J]. Foundry Technology, 2017, 25 (1): 122.

[7] 刘凯. 陶瓷粉末激光烧结/冷等静压复合成形技术研究 [D]. 武汉: 华中科技大学, 2014.

[8] AHN S H, MONTERO M, Dan O, et al. Anisotropic material properties of fused deposition modeling ABS [J]. Rapid Prototyping Journal, 2002, 8 (4): 248-257.

[9] 吴甲民, 陈安南, 刘梦月, 等. 激光选区烧结用陶瓷材料的制备及其成型技术 [J]. 中国材料进展, 2017, 36 (7): 575-582.

[10] SCOUTARIS N, ROSS S, DOUROUMIS D. Current trends on medical and pharmaceutical applications of inkjet printing technology [J]. Pharmaceutical Research, 2016, 33 (8): 1-18.

[11] ZHOU M, LIU W, WU H, et al. Preparation of a defect-free alumina cutting tool via additive manufacturing based on stereolithography-optimization of the drying and debinding processes [J]. Ceramics International, 2016, 42 (10): 11598-11602.

第6章 3D打印生物材料

生物材料（Biomaterials）是用于与生命系统接触和发生相互作用，并能对细胞、组织和器官进行诊断治疗、替换修复或诱导再生的一类天然或人工合成的特殊功能材料，又称为生物医用材料。生物材料是材料科学领域中正在发展的多种学科相互交叉渗透的领域，其研究内容涉及材料科学、生命科学、化学、生物学、解剖学、病理学、临床医学、药物学等学科，同时还涉及工程技术和管理科学的范畴。生物材料有人工合成材料和天然材料；有单一材料、复合材料以及活体细胞或天然组织与无生命的材料结合而成的杂化材料。生物材料本身不是药物，其治疗途径是以与生物机体直接结合和相互作用为基本特征。

20世纪90年代后期以来，世界生物材料科学和技术迅速发展，即使在当今全球经济低迷的大环境下，生物材料依然保持着每年13%的高速增长，充分体现了其强大的生命力和广阔的发展前景。现代医学正向再生和重建被损坏的人体组织和器官、恢复和增进人体生理功能、个性化和微创治疗等方向发展。传统的无生命的医用金属、高分子、生物陶瓷等常规材料已不能满足医学发展的要求，生物医学材料科学与工程面临着新的机遇与挑战。未来，生物医用材料的市场占有率很有可能将赶上药物。因此，加强生物医用材料的临床应用研究和推广应用，重点发展我国生物医用材料的研究、开发、生产、营销紧密结合的一体化体系是当务之急。实际上，国家当前在生物材料科学基础研究方面已经取得了重大突破进展，走在了世界先进行列，但产业化水平尚待提高，产业规模小、发展相对滞后，还不能满足全民医疗保健的实际需要。在国家政策、经济的大力支持下，我国生物材料的产业化发展将提速。企业应增强自主创新的能力，进一步解决依靠进口的局面，同时加大出口力度，实现跨越发展，扩大中国生物材料产品在国际上的影响力。

生物材料应用广泛，品种很多，其分类方法也很多。生物材料包括金属材料（如碱金属及其合金等）、无机材料（生物活性陶瓷、羟基磷灰石等）和有机材料三大类。有机材料中主要是高分子材料，高分子材料通常按材料属性分为合成高分子材料（聚氨酯、聚酯、聚乳酸、聚乙醇酸、乳酸乙醇酸共聚物及其他医用合成塑料和橡胶等）、天然高分子材料（如纤维素、壳聚糖等）；根据材料的用途，这些材料又可以分为生物惰性（Bioinert）、生物活性（Bioactive）或生物降解（Biodegradable）材料，根据降解产物能否被机体代谢和吸收，降解型高分子又可分为生物可吸收性和生物不可吸收性；根据材料与血液接触后对血液成分、性能的影响，可分为血液相容性聚合物和血液不相容性聚合物；根据材料对机体细胞的亲和性和反应情况，可分为生物相容性聚合物和生物不相容性聚合物等。

生物材料主要用在人身上，因此对其要求十分严格，必须具有以下四个特性。

（1）生物功能性　各种生物材料的用途而异，如作为缓释药物时，药物的缓释性能就是其生物功能性。

（2）生物相容性　可概括为材料和活体之间的相互关系，主要包括血液相容性和组织相容性（无毒性、无致癌性、无热原反应、无免疫排斥反应等）。

（3）化学稳定性　耐生物老化性（特别稳定）或可生物降解性（可控降解）。

（4）可加工性　能够成型、消毒（紫外灭菌、高压煮沸、环氧乙烷气体消毒、酒精消毒等）。

生物材料的性能要求主要包括生物相容性、力学性能、耐生物老化性能和成型加工性能。其中，生物相容性主要包括血液相容性、组织相容性。材料在人体内要求无不良反应，不引起凝血、溶血现象，活体组织不发生炎症、排拒、致癌等。此外，材料要有合适的强度、硬度、韧性、塑性等力学性能，以满足耐磨、耐压、抗冲击、抗疲劳、弯曲等医用要求，在活体内要有较好的化学稳定性，能够长期使用，即在发挥其医疗功能的同时要耐生物腐蚀、耐生物老化。

目前 3D 打印技术被广泛应用到生物医学领域，不仅包括骨骼、牙齿、肝脏、血管、药品等的实体制造，而且在国际上也开始将此技术用于器官模型的制造与手术分析策划，个性化组织工程支架材料和假体植入物的制造，以及细胞或组织打印等方面的应用中。据报道，2013 年 12 月剑桥大学再生医疗研究所开创性地通过 3D 打印技术，用大鼠视网膜的神经节细胞和神经胶质细胞制备得到具有三维结构的人工视网膜。该人工视网膜细胞打印出来后存活率高，并且仍具有分裂生长能力，这一突破性的进展为人类治愈失明带来了希望。目前已经可以利用 3D 打印技术和仿生材料制备一些无细胞的修复材料，并且已经在临床上有所应用。未来，可以利用 3D 打印技术打印出具有生物活性的人体器官，实现人造器官的临床应用。此外，3D 打印技术可以用于个性化治疗，降低治疗成本，将来开发更多的生物相容性和生物降解材料，与 3D 打印技术相结合可以减轻因材料的不足而对人体产生的伤害。这样一来 3D 打印技术必将引领医疗领域的革命潮流。

6.1 医用金属材料

3D 打印的生物医用材料多为塑料，而金属材料具有比塑料更好的力学强度、导电性以及延展性，使其在硬组织修复研究领域具有天然的优越性。金属的熔融温度比较高，打印的难度较大，所以金属 3D 打印一般采用光固化 3D 打印（SLA）和选择性激光烧结（SLS）方式加工，由金属粉末在紫外光或者高能激光的照射下产生的高温实现金属粉末的熔合，逐层叠加得到所需的部件。目前用于生物医学打印的金属材料主要有钛合金、钴铬合金、不锈钢和铝合金等。西安第四军医大学西京骨科医院骨肿瘤科郭征教授带领的团队，采用金属 3D 打印技术打印出与患者锁骨和肩胛骨完全一致的钛合金植入假体，并通过手术成功将钛合金假体植入骨肿瘤患者体内，成为世界范围内肩胛带不定型骨重建的首次应用，标志着 3D 打印个体化金属骨骼修复技术的进一步成熟。

与传统个体化植入假体制备技术相比，锁骨、肩胛骨等不定型骨的 3D 打印个体化钛合金植入假体具有更高的匹配性，功能及外形也更加得到患者和医生的认可：多孔设计石骨及软组织附着长入率高；弹性模量降低，减少应力遮挡并发症；产品质量稳定，精确度可达到 1mm；制备周期短等优势。目前该技术的缺点就是打印材料昂贵，需要患者承受较大的经济负担，难以实现平民化。中国科学院理化技术研究所利用低熔点金属 3D 打印技术，如液态金属 $Ga_{67}In_{20.5}Sn_{12.5}$ 合金（熔点约为 11℃），结合微创手术的方式直接在生物体内目标组织处注射成型医疗电子器件进行了创新性的研究。他们先将生物相容的封装材料（如明胶）注射到生物组织内固化形成特定结构，再用工具（如注射针头）在固化的封装区域内刺入并拔出以形成电极区域，最后将导电金属墨水、绝缘型墨水乃至配套的微/纳尺度器件等顺次注射后形成目标电子装置。通过控制微注射器的进针方向、注射部位、注射量、针头移位及速度，可以在目标组织处按预定形状及功能构建出终端器件。他们利用该技术在生物体组织内制备出 3D 液态金属 REID 天线，采用这种生物体内 3D 打印成型技术制作的柔性器件以其较高的顺应性、适形化以及微创性与低成本特点显示出良好的应用前景，在植入式生物医用电子技术领域具有重要意义。

随着纳米 3D 打印技术的出现和发展，纳米粉末打印材料成了研究者们热议的话题，金属粉末占据了 3D 打印粉末市场的主要位置。先进的纳米结构粉末对超细的晶体结构要求高，纳米结构粉末可以显著改善打印成品的物理、化学、力学性能，这些性能的提升将进一步拓宽其在生物医学领域的应用。然而，因为加工困难、低生产率和高成本，这些纳米粉末的产业化和商业化还是非常困难的。

6.2 医用无机非金属材料

无机非金属生物材料主要包括生物陶瓷、生物玻璃、氧化物及磷酸钙陶瓷和医用碳素材料。其中，生物陶瓷具有高硬度、高强度、低密度、耐高温、耐腐蚀等优异性能，在医学骨替代品、植入物、齿科和矫形假体领域有着广泛的应用。但生物陶瓷韧性不高、硬而脆的特点使其加工成型困难，尤其是形状或内部结构复杂陶瓷部件需通过模具来成型，而模具加工价格昂贵且开发周期长，难以满足产品的需求。近年来，针对生物陶瓷制作工艺复杂、成型加工困难的问题，研究者们采用 3D 打印技术来制备生物陶瓷，并取得了长足的进展。

Saijo 等采用磷酸三钙粉末等生物材料制备个性化假体，经处理后术中无须雕刻，可直接植入人体。将 3D 打印引进到美容整形领域，也取得很好的效果。利用 3D 打印技术制造美容整形材料既可以实现用户的各种个性化要求，又能够做到一次性精确成型，减去了传统工艺烦琐的术前雕刻过程，大大节省了手术时间，因此得到广泛关注。目前主要有磷酸钙、磷酸二正硅酸钙、双相磷酸钙、硅酸钙/β-磷酸三钙等材质的生物陶瓷。3D 打印陶瓷支架具有促进细胞成骨性分化和血管新生的生物活性功能，羟基磷灰石支架可促进神经鞘干细胞向成骨细胞分化，双相磷酸钙支架中随着 β-磷酸三钙含量的增加，支架的促进细胞成骨性分化的能力增强，硅酸钙/β-磷酸三钙支架中的硅元素的释放能够促进骨样细胞合成成骨因子，促进细胞成骨性分化。磷酸二正硅酸钙能够促进血管的增殖和再生。生物陶瓷具有与松质骨相近的抗压强度和良好的骨诱导能力，但是生物陶瓷需要在高温环境下打印成型，打印时不能对支架同步涂层促进骨形成的生物活性分子或抗感染药物，同时其脆性高、韧性差、剪切应力弱。目前对生物陶瓷的 3D 打印研究仅仅局限于硬组织的打印。

生物玻璃是内部分子呈无规则排列状态的硅酸盐的聚集体，主要含有钠、钙、磷等几种金属离子，在一定配比和化学反应条件下，会生成含有羟基磷酸钙的复合物，具有很高的仿生性，是生物骨组织的主要无机成分。

由于生物玻璃材料具有降解性和生物活性，能够诱导骨组织的再生，因此在骨组织工程的研究领域被作为组织工程支架材料广泛应用，在无机非金属材料领域具有非常广阔的应用前景。研究者曾用生物玻璃材料制备出猴子大腿骨，植入其体内，经一定时间后取出研究，发现再生的猴子骨细胞已长入生物玻璃的网状结构内，且结合非常紧密；并且，经力学试验测试发现这种人造骨比原骨力学性能更优。2011 年，美国华盛顿州立大学的研究人员采用 3D 打印技术将磷酸钙打印出一种像骨骼的结构，可在分解前作为新骨骼细胞生长所需的支架，已在动物身上成功进行了试验，取得了令人满意的结果。生物玻璃良好的生物相容性结合 3D 打印精确成型、快速制造、个性化等诸多优点，必定在组织工程支架材料以及个性化医疗领域取得新的突破。

由于上述的医用陶瓷材料都需要在高温条件下加工成型，所以医用陶瓷材料的 3D 打印加工通常分为两个阶段。

1）陶瓷粉末与熔点较低的黏结剂混合均匀后在激光照射下烧结出所设计的模型，但是此时的模型只是在黏结剂的作用下将陶瓷粉末黏结成型，力学性能较差，无法满足应用要求。

2）在激光烧结后，需要将陶瓷制品放到马弗炉中进行二次烧结。陶瓷粉末的粗细与黏结剂的用量都会影响到陶瓷制品的性能，陶瓷粉末越细越有利于二次烧结时晶粒生长，陶瓷层的质量越好；黏结剂的用量越大，激光烧结过程越容易，但是会造成二次烧结时零件收缩变大，使制品达不到尺寸精度要求。二次烧结过程的温度控制也会对 3D 打印陶瓷制品的性能产生影响。

6.3　医用高分子材料

近年，生物医用高分子材料可谓异军突起，成为发展最快的生物医用材料。生物医用高分子材料的发展从最开始仅仅利用现成的高聚物到利用合成反应在分子水平上设计合成具有特殊功能的高聚物。目前研究又进入了一个新的阶段，寻找具有主动诱导、刺激人体损伤组织再生修复的一类生物活性材料成为热点。3D 打印高分子耗材需要经过特殊处理，还需要加入黏合剂或者光固化剂，且对材料的固化速度、固化收缩率等有很高的要求。不同的打印技术对材料的要求都不相同，但是都需要材料的成型过程快速精确，材料能否快速精确地成型直接关系到打印的成败。由于生物医用材料直接与生物系统作用，除了各种理化性质要求外，生物医用材料必须具有良好的生物相容性，生物医用材料的开发比其他功能材料的开发具有更严格的审核程序，所以对用于生物医学领域的 3D 打印高分子材料的研究才刚刚起步。

韩国浦项科技大学 Cho 等以 PPF 为原料，通过利用光固化立体印刷技术（SLA）制备的多孔支架具有与人松质骨相似的力学性质，且支架能促进成纤维细胞的黏附与分化。此外，通过将 PPF 支架移植到兔皮下或颅骨缺损部位的实验结果表明，PPF 支架会在动物体内引起温和的软组织和硬组织响应，如移植 2 周后会出现炎性细胞、血管生成和结缔组织形成，第 8 周后炎性细胞密度降低并形成更规则的结缔组织。与传统组织工程支架相比，3D 打印组织工程支架可以随意设计形状、尺寸、孔的结构和孔隙率等，研究者可以根据不同组织的修复要求来选择需要打印出的支架结构。Paulius Danilevicius 等采用激光三维打印技术成功制备了三维多孔的聚乳酸（PLA）组织工程支架，并对支架的孔隙率对细胞黏附、生长、繁殖等生理特性的影响进行了一系列的研究。

研究结果表明，在制备支架模型的过程中，三维打印技术可以随意制造任意空洞和孔隙率的 PLA 组织工程支架，研究者可以轻易得到所需的模型。之后对各种模型进行一系列细胞生物学特性的表征发现，支架的空洞以及孔隙率对细胞的黏附生长有很大的影响，分析对比各项结果后得出了最适合作为组织工程支架的模型。同时也证明了通过 3D 打印制备的 PLA 支架有望在骨组织工程中得到广泛应用。医用高分子打印材料具有非常优异的加工性能，可适用于多种打印模式，其中应用最多的是熔融沉积打印和紫外光固化打印两种模式。熔融沉积打印所使用的是热塑性的高分子材料，目前最受研究者青睐的是可降解的脂肪族聚酯类材料，如 PLA、PCL。原材料只需要拉成丝状即可打印，打印材料的制备过程简单，一般不需要添加打印助剂。紫外光固化打印所用的是液体光敏树脂，液态树脂中包含有聚合物单体、预聚体、光（敏化）固化剂、稀释剂等，液态树脂的成分以及光固化度都会影响打印产品的性能，尤其是医疗产品的生物相容性和生物活性。

6.4 复合生物材料

复合材料是指两种以上不同物理结构或者不同化学性质的物质，以微观或宏观形式组合而成的材料；或者是连续相的基体与分散相的增强材料组合的多相材料。这类材料用于人工器官、修复、理疗康复、诊断、检查、治疗疾病等医疗保健领域，并具有良好的生物相容性，则称为复合生物材料。Falguni Pati 等采用多喷头 3DP 技术成功打印出 PCL/PLA/β-TCP 复合生物材料支架，并将 HTMSCs 细胞种植于支架，共培养 2 周，使 HTMSCs 细胞生长过程中分泌的细胞外基质附着在支架上，然后进行脱细胞实验去除支架上 HTMSCs 细胞，保留细胞外基质，从而得到PCL/PLA/β-TCP/ECM多组分具有生物活性的复合生物材料支架。该支架中的材料能够很好地取人之长，补己之短，各组分相辅相成，既能达到骨组织工程材料的力学要求，又能够促进生物矿化过程。ECM中还包含了多种调节骨细胞生长分化的因子，有望成为骨组织工程支架材料研究的新方向。

同时Falguni Pati等还进行了3D脂肪组织工程的研究。第一组以PCL为框架，用脱细胞的脂肪组织为墨水在PCL框架内打印出具有一定形状和孔洞的三维脱细胞脂肪支架并将其植入小鼠体内；第二组直接用脱细胞的脂肪组织负载目标细胞制成凝胶，通过3D打印技术将凝胶打印在事先准备好的PCL框架内，在体外培养一段时间后植入小鼠体内。研究表明，利用这两种方法制备的组织工程支架均具有良好的生物相容性且能在小鼠体内培养长出所需的脂肪组织。总的来说，第二组的各项测试数据均优于第一组。由此可见，3D打印技术可以将多种材料复合打印，各组分之间取长补短，相辅相成，在组织工程领域具有得天独厚的优势。与单一组分的或结构的生物材料相比，复合生物材料的性能具有可调性。由于单一生物材料用3D打印制成产品会存在一定的不足，将两种或者两种以上的生物材料有机复合在一起，复合材料的各组分既保持性能的相对独立性，又互相取长补短，优化配置，大大改善了单一材料应用中存在的不足；但是对于理化性质差异较大的两种材料，如何利用打印的方法将它们很好地融合在一起，发挥它们组合的最大优势也是目前研究的热点之一。

6.5　细胞参与的生物3D打印材料

作为前期研究，科学家们已经尝试用很多3D打印支架与细胞共培养，证明了细胞能够在多种3D打印支架上存活，并且比普通二维培养的效果要好。3D打印的PCL支架已经被证明能与多种细胞共培养，这为将细胞与材料混合成“生物墨水”，共同打印出生物组织奠定了良好的基础。但是这仅仅是细胞与材料的二维作用，并没有直接将细胞置于打印系统中，只能称为是非直接细胞参与的生物3D打印。细胞直接参与的生物3D打印是一门多学科交叉综合的超级学科，需要利用生物学、医学、材料学、计算机科学、分子生物学、生物化学等多个学科的原理与技术，其中，打印材料的选择是亟须突破的难点之一。水凝胶是由高聚物的三维交联网络结构和介质共同组成的多元体系，作为新型的生物医用材料引起了研究者们的广泛关注。医用水凝胶具有良好的生物相容性，其性质组成与细胞外基质相类似，表面黏附蛋白质和细胞的能力弱，基本不影响细胞的正常代谢过程。水凝胶的存在可以进行细胞的保护、细胞间的黏合扩展及器官的构型。

因此，水凝胶成为包裹细胞的首选。医用水凝胶、生物交联剂（法）、活细胞共同组成生物 3D 打印所需的“生物墨水”。美国康奈尔大学的研究人员采用 3D 生物打印技术，利用 I 型胶原蛋白水凝胶与牛耳活细胞组成的“生物墨水”，成功打印出了人体耳廓。无论是功能还是外表，这个耳廓均与正常人的耳廓十分相似。在后续培养过程中，胶原蛋白水凝胶与细胞相互作用良好，且在培养过程中慢慢降解并被细胞自身合成的细胞外基质所替代。接下来，他们将利用患者自身的耳朵细胞，打印人造耳廓并进行移植。这一消息令人对医疗整形行业的未来产生无限的遐想。

医学界目前使用的人造耳廓主要分为两类：一是由类软骨的人造材料制成，其缺点是质感与人耳差异较大；二是通过取出患者部分肋部软骨“雕刻”新的耳廓，这种方法不仅会给患者造成不小的肉体伤害，而且其美观及实用程度也严重受制于医生的“雕刻技术”。

3D 生物打印技术制成的人造耳廓，则没有上述之虞。器官 3D 打印是科学家们一直追求的梦想之一，目前器官打印已经被当作概念股炒作上市，吸引了很多眼球，但 3D 打印还处于刚刚起步阶段，还有很多问题需要解决，尤其是复杂器官的 3D 打印存在更为巨大的挑战，材料与调节细胞有序地组合、器官内部血管构建、神经系统构建的生长因子的相容是器官打印最难解决的困难。通过 3D 打印设备将生物相容性细胞、支架材料、生长因子、信号分子等在计算机指令下层层打印，形成有生理功能的活体器官，达到修复或替代的目的，在生物医学领域有着极其广泛的用途和前景。近年来 3D 打印技术发展迅速，已在骨骼、血管、肝脏、乳房构建等方面取得了一些成绩，但离复杂器官的功能实现还有很长一段距离。

3D 打印技术的发展已成为一种新兴技术，其在医学上的应用效果也日益明显。首先，3D 打印技术将有力克服组织损坏与器官衰竭的困难。每个人专属的组织器官都能随时打出，这就相当于为每个人建立了自己的组织器官储备系统。其次，表皮修复、美容应用水平也将进一步提高。随着打印精准度和材质适应性的提高，身体各部分组织将被更加精细地修整与融合，有助于打造出更符合审美的人体特征。最后，当 3D 打印设备逐步普及后，在一些紧急情况下，还可利用 3D 打印设备制作医疗用品，如导管、手术工具等，使之更加个性化，同时减少获取环节和时间，临时解决医疗用品不足的问题。

所以，3D 打印技术未来发展趋势将会在 3D 打印速度的提升，开发更为多样的 3D 打印材料，使 3D 打印设备的体积小型化、成本降低，不断拓展其更多行业的应用上体现出来。就目前来看，3D 打印在生物医学方面的研究如雨后春笋般，3D 打印技术在制备生物医用材料特别是组织工程支架材料方面已经取得了诸多成就。然而，3D 打印生物医用材料还是一个非常新鲜的领域，各种研究仍处于初始阶段，要想真正实现 3D 打印生物医用材料在临床上的应用还有很长的一段距离，还存在很大的挑战。材料的研究与发展制约着 3D 打印技术的发展，适用于 3D 打印的生物医用材料的研究与开发将成为未来研究热点。3D 打印生物医用材料的研发之所以困难，其主要原因在于临床上对材料的各种性能有极高的要求，材料的选择受到多种因素的制约，既要考虑材料在打印前后的安全性、生物相容性、降解性、生物响应性等，又要考虑材料能否达到产业化的要求。所以，3D 打印生物医用材料的研发面临巨大的挑战，同样随着 3D 打印技术在程序以及机械方面的快速发展，也出现了很多的机遇。未来研究 3D 打印生物医用材料的重点应该放在开发更多可打印的生物材料上。

理论上来讲，所有的材料都可以打印，但实际上现在用于生物医学领域的打印材料还屈指可数。有些具有优异性能的材料由于打印前后收缩率大，材料中所含的添加剂对生物体有害，打印后强度下降等原因，无法满足生物材料的使用要求，而被排除在 3D 打印生物材料行列之外。所以，应该通过各种物理化学改性的方法来克服这些被弃用的材料存在的打印问题，开发出更多性能优异的 3D 打印生物材料。这样既可以增加临床应用上的选择，又可以在一定程度上降低打印费用。3D 打印技术可以任意设计打印产品的空间结构，将 3D 打印的这个优势与组织工程理念相结合，就可以针对特定组织设计最优的组织工程支架。在材料的选择方面，性能越接近细胞外基质的材料越受青睐，因此，需要开发更多可仿生、可降解、具有生物活性的 3D 打印组织工程支架材料。

3D 技术与组织工程的结合将为生物组织与器官的重建开辟崭新的研究领域。实现组织与器官的原位 3D 打印是科学家们梦寐以求的结果。目前的技术水平仅仅达到了在体外打印有外形无功能的组织与器官，打印材料是其中的难点之一。开发出具有适当力学性能、良好生物相容性、具有生物活性的生物打印材料，将它与活细胞、生物交联剂（法）、信号分子组成“生物墨水”，力争将目前 3D 打印器官存在的诸多问题一一攻破，为实现 3D 打印真正造福人类奠定基础。另外，打印材料与细胞、组织以及血液之间的相容性研究也是重点之一。随着材料学的日益发展，对生物打印材料的要求日渐严苛，打印材料不仅要安全无毒，还要起到支架的作用，更要求其具有一定的生物功能，能够保证物质能量自由交换、细胞活性和组织的三维构建。因此，对打印材料的生物相容性的研究是必不可少的。

参考文献

[1] 高庆. 流道网络的生物 3D 打印及其在跨尺度血管制造中的应用 [D]. 浙江：浙江大学，2017.

[2] SONG K H，HIGHLEY C B，ROUFF A，et al. Complex 3D-printed microchannels within cell-degradable hydrogels [J]. Advanced Functional Materials，2018，28 (31)：1331-1342.

[3] WANG Y K，HUANG X B，SHEN Y，et al. Direct writing alginate bioink inside pre-polymers of hydrogels to create patterned vascular networks [J]. Journal of Materials Science，2019，54 (10)：7883-7892.

[4] ZHANG Y，YU Y，CHEN H，et al. Characterization of printable cellular micro-fluidic channels for tissueengineering [J]. Biofabrication，2013，5 (2)：25004-25015.

[5] WANG X Z，LI X D，DAI X L，et al. Coaxial extrusion bioprinted shell-core hydrogel microfibers mimic glioma microenvironment and enhance the drug resistance of cancer cells [J]. Colloids and Surfaces B：Biointerfaces，2018，171 (1)：291-299.

[6] 杜显彬，徐铭恩，王玲，等. 基于同轴流技术的肝组织生物 3D 打印研究 [J]. 中国生物医学工程学报，2018，37 (6)：731-738.

[7] 李宁宁，徐铭恩，索海瑞，等. 同轴打印双交联海藻酸钠/丝素蛋白血管网络支架 [J]. 中国组织工程研究，2019，23 (18)：2865-2870.

[8] 王玲，张烈烈，周青青，等. 基于光学相干层析的水凝胶三维打印精准控制研究 [J]. 中国激光，2016，43 (6)：197-206.

[9] WANG L S，LEE F，LIM J，et al. Enzymatic conjugation of a bioactive peptide into an injectable hyaluronic acid-tyramine hydrogel system to promote the formation of functional vasculature [J]. Acta Biomaterialia，2014，10 (6)：2539-2550.

[10] CHANG H，HU M，ZHANG H，et al. Improved endothelial function of endothelial cell monolayer on the soft polyelectrolyte multilayer film with matrix-bound vascular endothelial growth factor [J]. ACS Applied Materials & Interfaces，2016，8 (23)：14357-14366.

第 7 章　新型 3D 打印材料

新型材料是指新出现的或正在发展中的，具有传统材料所不具备的优异性能和特殊功能的材料；或采用新技术（工艺、装备等），使传统材料性能有明显提高或产生新功能的材料。一般认为满足高技术产业发展需要的一些关键材料也属于新型材料的范畴。新型材料与传统材料之间没有截然的分界，新型材料在传统材料基础上发展而成，传统材料经过组成、结构、设计和工艺上的改进从而提高材料性能或出现新的性能都可发展成为新型材料。

新型材料产业包括以下几种。

1）纺织业。

2）石油加工及炼焦业。

3）化学原料及化学制品制造业。

4）化学纤维制造业。

5）橡胶制品业。

6）塑料制品业。

7）非金属矿物制品业。

8）黑色金属冶炼及压延加工业。

9）有色金属冶炼及压延加工业。

10）金属制品业。

11）医用材料及医疗制品业。

12）电工器材及电子元器件制造业等。

新型材料按结构组成，可分为金属材料、无机非金属材料、有机高分子材料、先进复合材料四大类；按材料性能，可分为结构材料和功能材料；按新材料的用途和性质，可分为新型金属材料、新型建筑材料、新型化工材料、电子信息材料、生物医用材料、新型能源材料、纳米及粉体材料、新型复合材料、新型稀土材料、高性能陶瓷材料、新型碳材料等。

1. 电子信息材料

电子信息材料及产品支撑着现代通信、计算机、信息网络、微机械智能系统、工业自动化和家电等现代高技术产业。电子信息材料产业的发展规模和技术水平，在国民经济中具有重要的战略地位，是科技创新和国际竞争最为激烈的材料领域。微电子材料在未来 10~15 年仍是最基本的信息材料，光电子材料将成为发展速度最快和最有前途的信息材料。电子信息材料主要可以分为以下几大类。

集成电路及半导体材料：以硅材料为主体，新的化合物半导体材料及新一代高温半导体材料也是重要组成部分，也包括高纯化学试剂和特种电子气体。

光电子材料：激光材料、红外探测器材料、液晶显示材料、高亮度发光二极管材料、光纤材料等。

新型电子元器件材料：磁性材料、电子陶瓷材料、压电晶体管材料、信息传感材料和高性能封装材料等。

当前的研究热点和技术前沿包括以柔性晶体管，光子晶体、SiC、GaN、ZnSe 等宽禁带半导体材料为代表的第三代半导体材料，有机显示材料以及各种纳米电子材料等。

2. 新型能源材料

全球范围内能源消耗持续增长，80%的能源来自于化石燃料。从长远来看，需要用无污染、可持续发展的新型能源来代替所有化石燃料，未来的清洁能源主要包括氢能、太阳能、风能、核聚变能等。解决能源问题的关键是能源材料的突破，无论是提高燃烧效率以减少资源消耗，还是开发新能源及利用再生能源，都与材料有着极为密切的关系。

传统能源所需材料：主要是提高能源利用效率，要发展超临界蒸汽发电机组和整体煤气化联合循环技术上，这些技术对材料的要求高，如工程陶瓷、新型通道材料等。

氢能和燃料电池：氢能生产、储存和利用所需的材料和技术，燃料电池材料等。

绿色二次电池：镍氢电池、锂离子电池以及高性能聚合物电池等新型材料。

太阳能电池：多晶硅、非晶硅、薄膜电池等材料。

核能材料：新型核电反应堆材料。

新型能源材料就材料种类主要包括专用薄膜，聚合物电解液，催化剂和电极，先进光电材料，特制光谱塑料和涂层，碳纳米管，金属氢化物浆料，高温超导材料，低成本、低能耗民用工程材料，轻质、便宜、高效的绝缘材料，轻质、坚固的复合结构材料，超高温合金、陶瓷和复合材料，抗辐射材料，低活性材料，抗腐蚀及抗压力腐蚀裂解材料，机械和抗等离子腐蚀材料。当前研究热点和技术前沿包括高能储氢材料、聚合物电池材料、中温固体氧化物燃料电池电解质材料、多晶薄膜太阳能电池材料等。

3. 生物医用材料

生物医用材料是和生命系统结合，用以诊断、治疗或替换机体组织、器官或增进其功能的材料。它涉及材料、医学、物理、生物化学及现代高技术等诸多学科领域，已成为21世纪支柱产业之一。

很多类型的材料在健康治疗中都已得到应用，主要包括金属和合金、陶瓷、高分子材料（如高分子聚乙烯管）、复合材料和生物质材料。高分子生物材料是生物医用材料中最活跃的领域；金属生物材料仍是临床应用最广泛的承力植入材料，医用钛及其合金和Ni-Ti形状记忆合金的研究与开发是一个热点；无机生物材料越来越受到重视。

国际生物医用材料研究和发展的主要方向：一是为模拟人体软硬组织、器官和血液等的组成、结构和功能而开展的仿生或功能设计与制备；二是赋予材料优异的生物相容性，生物活性或生命活性。就具体材料来说，其主要包括药物控制释放材料、组织工程材料、仿生材料、纳米生物材料、生物活性材料、介入诊断和治疗材料、可降解和吸收生物材料、新型人造器官、人造血液等。

4. 汽车材料

汽车用材在整个材料市场中所占的比例很小，但其属于技术要求高、技术含量高、附加值高的"三高"产品，代表了行业的最高水平。汽车材料的需求呈以下特点：轻量化与环保是主要需求发展方向；各种材料在汽车上的应用比例正在发生变化，主要变化趋势是高强度钢和超高强度钢、铝合金、镁合金、塑料和复合材料的用量将有较大的增长，汽车车身结构材料将趋向多材料设计方向。同时汽车材料的回收利用也受到更多的重视，电动汽车、代用燃料汽车专用材料以及汽车功能材料的开发和应用工作不断加强。

5. 纳米材料与技术

纳米材料与技术将成为第5次推动社会经济各领域快速发展的主导技术，21世纪前20年是纳米材料与技术发展的关键时期。纳电子代替微电子，纳加工代替微加工，纳米材料代替微米材料，纳米生物技术代替微米尺度的生物技术，这已是不以人的意志为转移的客观规律。

纳米材料与技术的研究开发大部分处于基础研究阶段，如纳米电子与器件、纳米生物等领域，还没有形成大规模的产业。但纳米材料与技术在电子信息产业、生物医药产业、能源产业、环境保护等方面，对相关材料的制备和应用都将产生革命性的影响。

6. 超导材料与技术

超导材料与技术是21世纪具有战略意义的高新技术，广泛用于能源、医疗、交通、科学研究及国防军工等重大领域。超导材料的应用主要取决于材料本身性能及其制备技术的发展。

低温超导材料已经达到实用水平，高温超导材料产业化技术也取得重大突破，高温超导带材和移动通信用高温超导滤波子系统将很快进入商业化阶段。

7. 稀土材料

稀土材料是利用稀土元素优异的磁、光、电等特性开发出的一系列不可取代的、性能优越的新材料。稀土材料被广泛应用于冶金机械、石油化工、轻工农业、电子信息、能源环保、国防军工等多个领域，是当今世界各国改造传统产业、发展高新技术和国防尖端技术不可缺少的战略物资。

稀土材料具体包括以下几个方面。

稀土永磁材料（如磁性衬板）：发展最快的稀土材料，包括 NdFeB、SmCo 等，广泛应用于电动机、电声、医疗设备、磁悬浮列车及军事工业等高技术领域。

贮氢合金：主要用于动力电池和燃料电池。

稀土发光材料：包括新型高效节能环保光源用稀土发光材料，高清晰度、数字化彩色电视机和计算机显示器用稀土发光材料，以及特种或极端条件下应用的稀土发光材料等。

稀土催化材料：发展重点是替代贵金属，降低催化剂的成本，提高抗中毒性能和稳定性能。

稀土在其他新型材料中的应用：如精密陶瓷、光学玻璃、刻蚀剂、无机颜料等方面也正在以较高的速度增长，如稀土电子陶瓷、稀土无机颜料等。

8. 新型钢铁材料

钢铁材料是重要的基础材料，广泛应用于能源开发、交通运输、石油化工、机械电力、轻工纺织、医疗卫生、建筑建材、家电通信、国防建设以及高科技产业，并具有较强的竞争优势。

新型钢铁材料发展的重点是高性钢铁材料，其方向为高性能、长寿命，在质量上已向组织细化和精确控制，提高钢材洁净度和高均匀度方面发展。

9. 新型有色金属合金材料

它主要包括铝、镁、钛等轻金属合金以及粉末冶金材料、高纯金属材料等。

铝合金包括各种新型高强高韧、高比强、高比模、耐蚀可焊、耐热的铝合金材料，如 Al-Li 合金等。

镁合金包括镁合金和镁基复合材料，超轻高塑性Mg-Li-X系合金等。

钛合金包括新型医用钛合金、高温钛合金、高强钛合金、低成本钛合金等。

粉末冶金材料产品主要包括铁基、铜基汽车零件，难熔金属，硬质合金等。

高纯金属及材料的纯度向着更纯化方向发展，其杂质含量达ppb级，产品的规格向着大型化方向发展。

10. 新型建筑材料

新型建筑材料主要包括新型墙体材料、化学建材、新型保温隔热材料、建筑装饰装修材料等。国际上建材的趋势正向环保、节能、多功能化方向发展。

玻璃正向着功能型、实用型、装饰型、安全型和环保型五个方向发展，包括对玻璃原片进行表面改性或精加工处理，节能的低辐射（Low-E）和阳光控制低辐射（Sun-E）膜玻璃等；此外，还包括节能、环保的新型房建材料，以及满足工程特殊需要的特种系列水泥等。

11. 新型化工材料

化工材料在国民经济中有着重要地位，在航空航天、机械、石油工业、农业、建筑业、汽车、家电、电子、生物医用行业等领域都起着重要的作用。

新型化工材料主要包括有机氟材料、有机硅材料、高性能纤维、纳米化工材料、无机功能材料等。纳米化工材料和特种化工涂料是研究热点。精细化、专用化、功能化成了化工材料工业的重要发展趋势。

12. 生态环境材料

生态环境材料是在人类认识到生态环境保护的重要战略意义和世界各国纷纷走可持续发展道路的背景下提出来的，一般认为生态环境材料是具有满意的使用性能同时又被赋予优异的环境协调性的材料。

这类材料的特点是消耗的资源和能源少，对生态和环境污染小，再生利用率高，而且从材料制造、使用、废弃直到再生循环利用的整个寿命过程，都与生态环境相协调。它主要包括环境相容材料，如纯天然材料（木材、石材等）、仿生物材料（人工骨、人工器脏等）、绿色包装材料（绿色包装袋、包装容器）、生态建材（无毒装饰材料等）；环境降解材料（生物降解塑料等）；环境工程材料，如环境修复材料、环境净化材料（分子筛、离子筛材料）、环境替代材料（无磷洗衣粉助剂）等。

生态环境材料研究热点和发展方向包括再生聚合物（塑料）的设计，材料环境协调性评价的理论体系，降低材料环境负荷的新工艺、新技术和新方法等。

13. 军工新材料

军工材料对国防科技、国防力量的强弱和国民经济的发展具有重要推动作用，是武器装备的物质基础和技术先导，是决定武器装备性能的重要因素，也是拓展武器装备新功能和降低武器装备全寿命费用，取得和保持武器装备竞争优势的原动力。

随着武器装备的迅速发展，起支撑作用的材料技术发展呈现出以下趋势。

1）复合化：通过微观、介观和宏观层次的复合大幅度提高材料的综合性能。

2）多功能化：通过材料成分、组织、结构的优化设计和精确控制，使单一材料具备多项功能，达到简化武器装备结构设计，实现小型化、高可靠性的目的。

3）高性能化：材料的综合性能不断优化，为提高武器装备的性能奠定物质基础。

4）低成本化：低成本技术在材料领域是一项高科技含量的技术，对武器装备的研制和生产具有越来越重要的作用。

7.1 碳纳米管

碳纳米管，又名巴基管，是一种具有特殊结构（径向尺寸为纳米量级，轴向尺寸为微米量级，管子两端基本上都封口）的一维量子材料。碳纳米管主要由呈六边形排列的碳原子构成数层到数十层的同轴圆管。层与层之间保持固定的距离，约0.34nm，直径一般为2~20nm。并且根据碳六边形沿轴向的不同取向可以将其分成锯齿型、扶手椅型和螺旋型三种。其中螺旋型的碳纳米管具有手性，而锯齿型和扶手椅型的碳纳米管没有手性。

碳纳米管作为一维纳米材料，重量轻，六边形结构连接完美，具有许多异常的力学、电学和化学性能。近些年随着碳纳米管及纳米材料研究的深入，其广阔的应用前景也不断地展现出来。

碳纳米管中碳原子以 sp^2 杂化为主，同时六角型网格结构存在一定程度的弯曲，形成空间拓扑结构，其中可形成一定的 sp^3 杂化键，即形成的化学键同时具有 sp^2 和 sp^3 混合杂化状态，而这些 p 轨道彼此交叠在碳纳米管石墨烯片层外形成高度离域化的大 π 键，碳纳米管外表面的大 π 键是碳纳米管与一些具有共轭性能的大分子以非共价键复合的化学基础。

对多壁碳纳米管的光电子能谱研究结果表明，不论单壁碳纳米管还是多壁碳纳米管，其表面都结合有一定的官能基团，而且不同制备方法获得的碳纳米管由于制备方法各异，后处理过程不同而具有不同的表面结构。一般来讲，单壁碳纳米管具有较高的化学惰性，其表面要纯净一些，而多壁碳纳米管表面要活泼得多，结合有大量的表面基团，如羧基等。以变角 X 光电子能谱对碳纳米管的表面检测结果表明，单壁碳纳米管表面具有化学惰性，化学结构比较简单，而且随着碳纳米管管壁层数的增加，缺陷和化学反应性增强，表面化学结构趋向复杂化，内层碳原子的化学结构比较单一，外层碳原子的化学组成比较复杂，而且外层碳原子上往往沉积有大量的无定形碳。由于具有物理结构和化学结构的不均匀性，碳纳米管中大量的表面碳原子具有不同的表面微环境，因此也具有能量的不均一性。

碳纳米管不总是笔直的，而是局部区域出现凸凹现象，这是由于在六边形编制过程中出现了五边形和七边形。如果五边形正好出现在碳纳米管的顶端，即形成碳纳米管的封口。当出现七边形时，碳纳米管则凹进。这些拓扑缺陷可改变碳纳米管的螺旋结构，在出现缺陷附近的电子能带结构也会发生改变。另外，两根毗邻的碳纳米管也不是直接黏在一起的，而是保持一定的距离。

碳纳米管可以看作是石墨烯片层卷曲而成，因此按照石墨烯片的层数可分为单壁碳纳米管（或称为单层碳纳米管，Single-walled Carbon nanotubes，SWCNT）和多壁碳纳米管（或称为多层碳纳米管，Multi-walled Carbon nanotubes，MWCNT）如图 7-1 和图 7-2 所示。多壁碳纳米管在开始形成时，层与层之间很容易成为陷阱中心而捕获各种缺陷，因而多壁碳纳米管的管壁上通常布满小洞样的缺陷。与多壁碳纳米管相比，单壁碳纳米管直径大小的分布范围小，缺陷少，具有更高的均匀一致性。单壁碳纳米管典型直径在 0.6～2nm，多壁碳纳米管最内层可达 0.4nm，最粗可达数百纳米，但典型管径为 2～100nm。

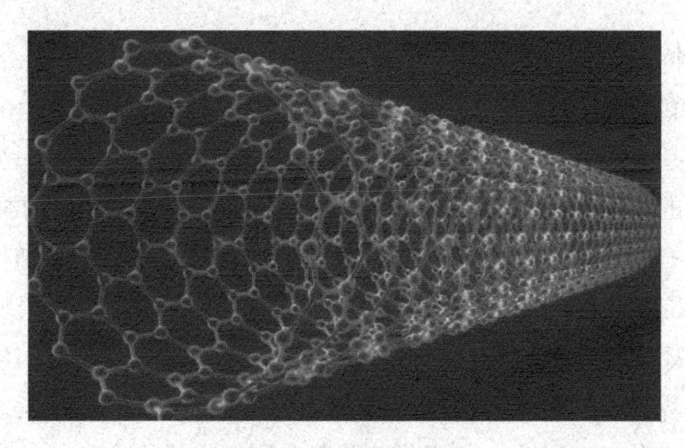

图 7-1　单壁碳纳米管

碳纳米管依其结构特征可以分为三种类型：扶手椅型（Armchair Form）碳纳米管，锯齿型（Zigzag Form）碳纳米管和手性（Chiral Form）碳纳米管。碳纳米

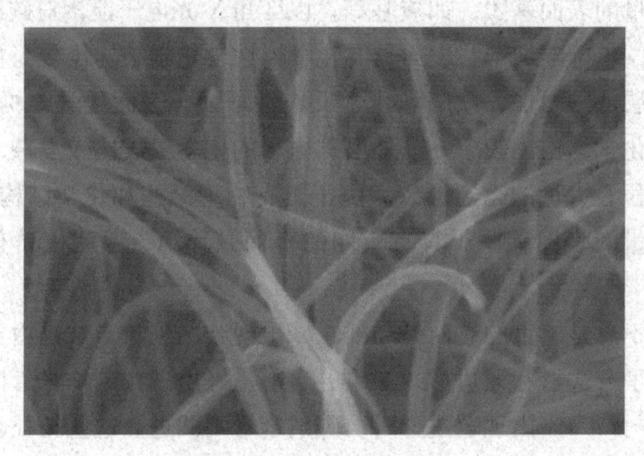

图 7-2　多壁碳纳米管

管的手性指数（n，m）与其螺旋度和电学性能等有直接关系，习惯上 $n \geqslant m$。当 $n=m$ 时，碳纳米管称为扶手椅型碳纳米管，手性角（螺旋角）为 30°；当 $n>m=0$ 时，碳纳米管称为锯齿型碳纳米管，手性角（螺旋角）为 0°；当 $n>m \neq 0$ 时，碳纳米管称为手性碳纳米管。根据碳纳米管的导电性质可以将其分为金属型碳纳米管和半导体型碳纳米管：当 $n-m=3k$（k 为整数）时，碳纳米管为金属型；当 $n-m=3k \pm 1$，碳纳米管为半导体型。

按照是否含有管壁缺陷，可以将其分为完善碳纳米管和含缺陷碳纳米管。

按照外形的均匀性和整体形态，可以将其分为直管型、碳纳米管束、Y 型、蛇型等。

碳纳米管特性如下。

1. 力学性能

碳纳米管具有良好的力学性能，抗拉强度达到 50~200GPa，是钢的 100 倍，密度却只有钢的 1/6，至少比常规石墨纤维高一个数量级；它的弹性模量可达 1TPa，与金刚石的弹性模量相当，约为钢的 5 倍。对于具有理想结构的单层壁的碳纳米管，其抗拉强度约 800GPa。碳纳米管的结构虽然与高分子材料的结构相似，但其结构却比高分子材料稳定得多。碳纳米管是目前可制备出的具有最高比强度的材料。若将以其他工程材料为基体与碳纳米管制成复合材料，可使复合材料表现出良好的强度、弹性、抗疲劳性及各向同性，给复合材料的性能带来极大的改善。

碳纳米管的硬度与金刚石相当，却拥有良好的柔韧性，可以拉伸。在工业上常用的增强型纤维中，决定强度的一个关键因素是长径比，即长度和直径之比。

材料工程师希望得到的长径比至少是20∶1，而碳纳米管的长径比一般在1000∶1以上，是理想的高强度纤维材料。

2. 导电性能

碳纳米管具有良好的导电性能，由于碳纳米管的结构与石墨的片层结构相同，所以具有很好的电学性能。理论预测其导电性能取决于其管径和管壁的螺旋角。当碳纳米管的管径大于6nm时，导电性能下降；当管径小于6nm时，碳纳米管可以被看成具有良好导电性能的一维量子导线。有报道说Huang通过计算认为直径为0.7nm的碳纳米管具有超导性，尽管其超导转变温度只有1.5×10^{-4}K，但是预示着碳纳米管在超导领域的应用前景。

常用矢量Ch表示碳纳米管上原子排列的方向，其中$Ch=na_1+ma_2$，记为(n，m)。a_1和a_2分别表示两个基矢。(n，m)与碳纳米管的导电性能密切相关。对于一个给定(n，m)的纳米管，如果有$2n+m=3q$（q为整数），则这个方向上表现出金属性，是良好的导体，否则表现为半导体。对于$n=m$的方向，碳纳米管表现出良好的导电性能，电导率通常可达铜的1万倍。

3. 传热性能

碳纳米管具有良好的传热性能，其具有非常大的长径比，因而其沿着长度方向的热交换性能很高，相对的其垂直方向的热交换性能较低，通过合适的取向，碳纳米管可以合成高各向异性的热传导材料。另外，碳纳米管有着较高的热导率，只要在复合材料中掺杂微量的碳纳米管，该复合材料的热导率将可能得到很大的改善。

在碳纳米管内，由于电子的量子限域效应，电子只能在石墨片中沿着碳纳米管的轴向运动，因此碳纳米管表现出独特的电学性能。它既可以表现出金属的电学性能，又可以表现出半导体的电学性能。碳纳米管具有独特的导电性、很高的热稳定性和本征迁移率，比表面积大，微孔集中在一定范围内，满足理想的超级电容器电极材料的要求。单壁碳纳米管和多壁碳纳米管的光学性质各不相同。单壁碳纳米管的发光是从支撑碳纳米管的金针顶附近发射的，并且发光强度随发射电流的增大而增强；多壁碳纳米管的发光位置主要限制在面对着电极的薄膜部分，发光位置是非均匀的，发光强度也是随着发射电流的增大而增强。碳纳米管的发光是由电子在与场发射有关的两个能级上的跃迁而导致的。目前运用碳纳米管打印的技术还不成熟且制作成本很高，还在研究阶段。

在ABS中加入2.5%的碳纳米管，形成一种全新的多壁碳纳米管线材，打印出的物品比传统的ABS树脂强度更高。ESD碳纳米管长丝指的是静电释放碳纳米管长丝。ESD碳纳米管长丝是基于碳纳米管的技术，该材料是由100%纯ABS

树脂掺入多壁碳纳米管制成的。与传统的炭黑化合物相比，基于碳纳米管的长丝具有优异的延展性、清洁水平和一致性。

ESD 碳纳米管长丝与聚合物经过化学或电化学掺杂后形成一类具有良好导电性能的 ESD 碳纳米管长丝聚合物新型复合材料。该类材料不仅具有聚合物的选材丰富、比重轻、加工性能优异等优点，还具有一般聚合物不具备的良好导电性能、电导率可通过控制 ESD 碳纳米管长丝的加入量任意调节、环境稳定性好、产品透明度高等优点。在 3D 打印中，ESD 碳纳米管长丝聚合物复合材料主要用于透明导电材料的制备。目前，ESD 碳纳米管长丝聚合物复合材料的 3D 打印产品已广泛应用在电子/微电子元器件、通信器件、医疗器械、石油化工、航天航空等领域电子电气组件的抗电磁波干扰和抗静电元件。

7.2 石墨烯

石墨烯（Graphene）是一种以 sp^2 杂化连接的碳原子紧密堆积成单层二维蜂窝状晶格结构的新材料，如图 7-3 所示。石墨烯内部碳原子的排列方式与石墨单原子层一样，以 sp^2 杂化轨道成键，并有如下的特点：碳原子有 4 个价电子，其中 3 个电子生成 sp^2 键，即每个碳原子都贡献一个位于 pz 轨道上的未成键电子，近邻原子的 pz 轨道与平面成垂直方向可形成 π 键，新形成的 π 键呈半填满状态。研究证实，石墨烯中碳原子的配位数为 3，每两个相邻碳原子间的键长为 1.42×10^{-10}m，键与键之间的夹角为 120°。除了 σ 键与其他碳原子链接成六角环的蜂窝式层状结构外，每个碳原子的垂直于层平面的 pz 轨道可以形成贯穿全层的多原子的大 π 键（与苯环类似），因而具有优良的导电和光学性能。

图 7-3　单层石墨烯

石墨烯具有优异的光学、电学、力学特性，在材料学、微纳加工、能源、生物医学和药物传递等方面具有重要的应用前景，被认为是一种未来革命性的材料。英国曼彻斯特大学物理学家安德烈·盖姆和康斯坦丁·诺沃肖洛夫，用微机械剥离法成功从石墨中分离出石墨烯，因此共同获得2010年诺贝尔物理学奖。石墨烯常见的粉体生产方法为机械剥离法、氧化还原法、SiC外延生长法，薄膜生产方法为化学气相沉积法（CVD）。

石墨烯特性如下。

1）力学性能。石墨烯是已知强度最高的材料之一，同时还具有很好的韧性且可以弯曲。石墨烯的理论弹性模量达1.0TPa，固有的拉伸强度为130GPa。而利用氢等离子改性的还原石墨烯也具有非常高的强度，其平均弹性模量可达0.25TPa。由石墨烯薄片组成的石墨纸拥有很多的孔，因而石墨纸显得很脆，然而，经氧化处理后得到功能化石墨烯，再由功能化石墨烯做成石墨纸则会异常坚固强韧。

2）电子效应。石墨烯在室温下的载流子迁移率约为15000$cm^2/(V \cdot s)$，这一数值超过了硅材料的10倍，是已知载流子迁移率最高的物质锑化铟（InSb）的两倍以上。在某些特定条件下（如低温下），石墨烯的载流子迁移率甚至可高达250000$cm^2/(V \cdot s)$。与很多材料不一样，石墨烯的电子迁移率受温度变化的影响较小，在50～500K之间的任何温度下，单层石墨烯的电子迁移率都在15000$cm^2/(V \cdot s)$左右。另外，石墨烯中电子载体和空穴载流子的半整数量子霍尔效应可以通过电场作用改变化学势而被观察到，而科学家在室温条件下就观察到了石墨烯的这种量子霍尔效应。石墨烯中的载流子遵循一种特殊的量子隧道效应，在碰到杂质时不会产生背散射，这是石墨烯局域超强导电性以及很高的载流子迁移率的原因。石墨烯中的电子和光子均没有静止质量，它们的速度是和动能没有关系的常数。石墨烯是一种零距离半导体，因为它的传导和价带在狄拉克点相遇。在狄拉克点的六个位置动量空间的边缘布里渊区分为两组等效的三份。相比之下，传统半导体的主要点通常为Γ（伽玛函数），动量为零。

3）热性能。石墨烯具有非常好的热传导性能。纯的、无缺陷的单层石墨烯的热导率高达5300$W/(m \cdot K)$，是热导率最高的碳材料，高于单壁碳纳米管[3500$W/(m \cdot K)$]和多壁碳纳米管[3000$W/(m \cdot K)$]。当它作为载体时，热导率也可达600$W/(m \cdot K)$。此外，石墨烯的弹道热导率可以使单位圆周和长度的碳纳米管的弹道热导率的下限下移。

4）光学特性。石墨烯具有非常良好的光学特性，在较宽波长范围内吸收率约为2.3%，看上去几乎是透明的。在几层石墨烯厚度范围内，厚度每增加一层，吸收率增加2.3%。大面积的石墨烯薄膜同样具有优异的光学特性，且其光学特性随石墨烯厚度的改变而发生变化。这是单层石墨烯所具有的不寻常低能电子结构。室温下对双栅极双层石墨烯场效应晶体管施加电压，石墨烯的带隙可在 0~0.25eV 间调整。施加磁场，石墨烯纳米带的光学响应可调谐至太赫兹范围。当入射光的强度超过某一临界值时，石墨烯对其的吸收会达到饱和。这些特性使得石墨烯可以用来做被动锁模激光器。由于这种特殊性质，石墨烯广泛应用在超快光子学上。更密集的激光照明下，石墨烯可能拥有一个非线性相移的光学非线性克尔效应。

5）稳定性。石墨烯的结构非常稳定，碳碳键（Carbon-Carbon Bond）仅为 1.42Å（1Å=0.1nm）。石墨烯内部碳原子之间的连接很柔韧，当施加外力于石墨烯时，碳原子面会弯曲变形，使得碳原子不必重新排列来适应外力，从而保持结构稳定。这种稳定的晶格结构使石墨烯具有优秀的导热性。另外，石墨烯中的电子在轨道中移动时，不会因晶格缺陷或引入外来原子而发生散射。由于原子间作用力十分强，在常温下，即使周围碳原子发生挤撞，石墨烯内部电子受到的干扰也非常小。同时，石墨烯有芳香性，具有芳烃的性质。

目前，市场上出现了石墨烯增强型的 3D 打印复合线材，但打印效果并不理想。在塑料复合材料中加入石墨烯的确会提升打印件属性，但同时会恶化石墨烯的固有性质。此外，传统的 FDM 打印方法根本不可能实现在纳米尺度打印 3D 对象。如何在微米和纳米尺度范围内以非常高的精确度操纵石墨烯片成为一个急需解决的问题。

韩国的一个团队使用石墨烯 3D 打印出了一个纳米结构，证明了将纯石墨烯材料用于 3D 打印的可能性。研究人员用拉伸的油墨弯液面制作出 3D 结构的还原氧化石墨烯纳米线，这种方法制作出的石墨烯纳米线能够实现比喷嘴孔径更精细的打印结构，从而实现纳米结构的制造。当然，研究人员所使用的打印方法与大多数使用线材或粉末做材料的 3D 打印方法不同，他们使用的是 KERL 打印方法，这种方法打印得更加精细。

7.3 高弹性高聚物

高聚物在高弹态（橡胶态）时具有的高弹性，又称为橡胶弹性。它是相对于普弹性而言的，是高聚物区别于其他材料的一个重要特性。普弹性就是金属或其他无机材料的属性，即在力场作用下，材料产生瞬时的可逆变形，应力与应变成正比，服从胡克定律，且变形量甚小，仅为千分之几或更小。高弹态高聚物的弹性变形则数值很大，可达百分之几甚至更大。在绝热拉伸或压缩过程中，处于高弹态的高聚物（如橡胶）的温度上升，金属的温度下降。橡胶的弹性模量较小，约10^5~10^6Pa，金属的弹性模量甚高，可达10^{10}~10^{11}Pa。在平衡状态时，橡胶的弹性模量与温度成正比，而金属的弹性模量则与温度成反比。高聚物的高弹性可用热力学和统计力学的观点来加以阐明。

现在3D打印中所使用的耗材，基本都是硬质耗材，而工业和生活中往往需要很多的软质材料，如手机壳等，这些是用ABS、PLA硬质材料代替不了的。而高软高弹性的耗材则能应用在众多领域，大大提升了3D打印的适用范围，如打印出衣服、鞋子、成人用品、电子产品、汽车配件、母婴用品、服装配饰、按摩器材、运动用品、卫浴用品、包装容器、医疗器材、薄膜外壳、手柄包胶、餐具、儿童玩具等。

高弹性3D打印材料除了有优良的软性、弹性、韧性，还兼具了优良的耐磨性、耐温性、着色性、防水性、环保无毒等特点。

现在我国研究人员研发出了一款高弹性3D打印材料Pop Rubber。橡胶线材Pop Rubber配方和工艺都相当保密，只公布了其中含有硅胶及橡胶成分。除了配方，制线中保持尺寸稳定是一大难点，因为橡胶高软高弹、拉伸强。Pop Rubber主要性能参数见表7-1。

表7-1　Pop Rubber主要性能参数

主要性能	参　数
邵氏硬度	<90ASD
抗拉强度	>35MPa
回弹力	>40%
伸长率	>500%
密度	1200kg/m^3
耐磨性	10mm^2
挤出温度	220~250℃
平台温度	100~110℃
打印层厚	0.1~0.3mm
打印壁厚	>0.03mm
给进速度	30~50mm/s
黏性、冷度	低黏性、易冷却
成型外观	亚光细腻、尺寸精确
成型基板	基板易拆除

高弹性耗材打印质量与其成分和所用打印设备、打印设计结构息息相关。

Pop Rubber 根据实际情况，专门设计并生产出一款兼容大部分国产 FDM 设备的型号，使得设计师结合国产设备能够获得性能优越的打印产品。此外，Pop Rubber 公司还推出了 10°~60°的定制型高弹性产品，其打印产品软度与人体皮肤软度匹配，实现衣服和成人用品一类的高柔产品打印。

高弹性材料在打印过程中，打印越薄、越少填充的模型时，会获得越高的软性及弹性。打印过程中会有少量气味，要注意保持通风。现有高弹性材料专用打印机在打印过程中耗材不堵塞喷嘴，即使 260℃高温停留在喷嘴也不会烧焦，但因为柔软，会受到阻力而卡死在咬线齿轮上，所以需要高温及慢速打印，并保持畅通无阻力。

7.4 含能材料

含能材料（Energetic Material）是一类含有爆炸性基团或含有氧化剂和可燃物、能独立进行化学反应并输出能量的化合物或混合物，在一定的外界能量刺激下，能自身发生激烈氧化还原反应，可释放大量能量的物质。含能材料是军用炸药、发射药和火箭推进剂配方的重要组成部分。

早期的黑火药，传统的硝基炸药如三硝基甲苯（TNT），硝酸酯炸药如硝化甘油（NG），硝胺炸药如黑索金（RDX）和奥克托今（HMX），高密度高氮含量化合物如三硝基氮杂环丁烷（TNAZ）、六硝基六氮杂异伍兹烷（HNIW/CL-20）、二氨基二硝基乙烯（FOX-7）和八硝基立方烷（ONC），以及高能推进剂如聚叠氮缩水甘油醚（GAP）等，都属于含能材料的范畴，如图 7-4 所示。

图 7-4　各种含能材料

含能材料目前的研究热点是超高能含能材料。这种材料是指能量比常规炸药（通常为 10^3 J/g）高出至少一个数量级的新型高能物质，能量水平达到 10^4~10^5J/g，甚至 10^5J/g 以上，如金属氢、全氮化合物、高张力键能释放材料

（如纳米铝）等。超高能含能材料因能量惊人而受到越来越多国家的重视，被视为可影响国家安全的战略性技术，成为少数军事强国构建常规威慑力和实战能力的一项重要前沿技术。美、俄等国均采取积极措施大力发展超高能含能材料技术。

例如：美国很早就将含纳米铝的温压炸药装备巨型空爆炸弹——“炸弹之母”，其爆炸威力相当于11t TNT；早在1998年就获得了离子型全氮化合物N^{5+}，之后陆续合成出13种含N^{5+}的盐类化合物，得到性能更稳定的（N_5）$_2SnF_6$，并推进N8、N60等全氮材料的研制工作，其能量密度可达3~10倍TNT当量；在金属氢方面，2017年，美国哈佛大学披露，采用金刚石对顶压砧技术在495GPa超高压、接近绝对零度的超低温条件下，制得首个微米级固态金属氢试样。

超高能含能材料具有巨大的军用潜力。以金属氢为例，其能量密度达2.16×10^5J/g，用作炸药时，拥有相当于50倍TNT炸药的毁伤能量，不仅毁伤力巨大，还可大幅减少弹药体积。用作超高能火箭燃料时，理论推力可达现有液氢/液氧混合燃料的5倍，有望引发火箭推进技术革命。用作超导材料时，可用于研制超导电磁推进系统和超导电磁炮。再以全氮化合物为例，既可用作高威力炸药，毁伤效果相当于3~10倍TNT，也可用作高能固体推进剂，理论比冲远高于现有的固体推进剂，一旦用作武器，将使“全球即时打击”和“一击即毁”成为可能。

正如火药的发明和核武器的问世一样，超高能含能材料将对军事变革和战争方式产生重大影响。作为当前常规毁伤技术的制高点，超高能含能材料的发展及应用，将把常规武器内的作战效能推到极限，使武器装备迎来重大变革，并将打破现有作战理念和方式，催生一大批新的军事理论，从根本上改变战争的形态和作战样式，引发新一轮的军事变革。

近代中国在含能材料的研发和应用上远远落后西方，近些年，经过国家相关单位和大量科研人员（如王泽山院士）的不懈努力，中国开始追赶国际步伐，并出现部分首创性的先进含能材料，如2017年，南京理工大学胡炳成教授团队经过多年研究，在全氮阴离子（N^{5-}）研究领域取得了重大突破性进展。而现在，高氮含量的简单金属盐（$[Co(N_5)_2(H_2O)_4]\cdot4H_2O$）也已经被合成出来。在超高能含能材料领域，中国具有巨大的发展潜力。

3D打印因其自有的独特性，被广泛应用于军事领域中。其中，3D打印使用最多的是在军事保障方面，如制造武器装置的复杂配件、伪装防护器材医疗部件和救护用具等。以美国为首的拥有先进武器制造技术的国家，在不断地研究可应用于 3D 打印的含能材料。希望将传统的自动称量和成型技术相结合，克服含能材料起爆点、温湿度、环境安全等方面的限制，将粉末进行黏结，或使材料具有流动性，完成打印并进行自动化注装。

传统的战斗部装药受限于固有的装药原理，为保证装药质量，一些装药环节耗费时间长，过程繁杂，控制因素较多，部分复杂异型产品仍存在一定的疵病率。而 3D 打印技术的不断发展与成熟，由于其广泛的材料适应性以及其特殊的成型原理，具备固化时间短、瑕疵率极低、精度高、密度一致性好、耗材少的特点，为战斗部药柱的直接快速成型以及将装药直接写入战斗部提供了一个可供研究的技术解决途径，也为我国在战斗部装药领域晋升国际领先地位提供了宝贵的平台。

7.5 可食用材料

传统的 3D 打印机仅支持聚乳酸（PLA）和丙烯腈-丁二烯-苯乙烯共聚物（ABS）等塑料材料，并且 3D 打印技术主要应用在工业领域，但随着该技术的不断发展，现该技术同时可兼顾打印如陶瓷、金属等特殊材料。在早些年也将此技术应用到了食品行业中，但目前仍然处于初步研究阶段，并未大量在市场普及，主要原因是可食用材料的复杂性。

相对于传统的食品加工方式，3D 打印技术可以在原材料上对传统畜牧业进行代替，进而提高能源的利用率，降低污染，也可以在一定程度上提高餐饮业的工作效率，将厨师从繁杂工作中解放出来。当然利用增材制造技术打印食品，其目的并不仅仅是将产品单一生产的过程进行集中化，食物中新的纹理和潜在的营养价值也是其特色之一，并且另一个流行趋势是复杂结构的设计，普通工匠并不能通过手工来完成。类似于此类需求的产品，传统的食品加工方式已远远不能满足其需要。因此，加快食品加工创新是食品行业持续稳定发展的根本出路，需要不断地投入科技创新。

目前，食品加工领域内已有多种可食用材料应用于 3D 打印技术，其中包括巧克力、谷物、零食、冰激凌、饼干、比萨、奶油等。

将可食用材料应用在 3D 打印行业最初是在美国出现，2006 年由美国高中生诺伊·沙尔用改进后的 Fab@ Home 打印机打印出了肯塔基州形状的巧克力。随后迅速在国内外掀起一股热潮，不仅拓宽了材料范围，并且研发出了适应于不同材料的食品打印机。2012 年 7 月，美国宾夕法尼亚大学的研究人员利用糖、蛋白质、脂肪和肌肉细胞等原材料，用改进的 3D 打印技术打印出生肉，其纹理和口感，甚至肉里的微细血管都和真正的生肉相似。2013年初，毕业于纽约大学的Marko推出了制作墨西哥薄饼的3D打印机原型。2014年，西班牙Natural Machine公司发明了名为“Foodini”的3D食物打印机，采用6个喷嘴变化组合制作汉堡、比萨、意大利面和各类蛋糕等食物。而此技术在中国发展也较为迅速。2003年西安交通大学研究者采用气压熔融挤压设备打印改性乳化糖材料来制造人工骨模型。2013年江苏某高校孙铁波等分析研究了奶油3D打印的特点，设计出奶油3D打印机机械系统、控制系统以及奶油喷嘴方案。2014年福建省蓝天农场食品有限公司利用3D打印技术做出个性化的彩色饼干，在颜色上有视觉冲击感，深受儿童和年轻女孩的喜欢，市场销路特别好。2016年由清华大学毕业生王鑫等组成的三弟画饼团队研制软件开发以及硬件，经多次尝试，研发出外形适中的3D煎饼打印机。

3D打印可食用材料如图7-5所示。

图7-5　3D打印可食用材料

7.5.1　物理黏结

3D打印糖果最初提出只是利用蔗糖的吸湿性来成型，世界上最大的3D打印机制造商之一——3D Systems研发出了专门用来打印糖果的Chef Jet打印机，通过先喷射一层糖，后在上面覆盖一层水，粉末糖遇到水则结晶凝固，未接触到的水则会在后期自动掉落，层层叠加使得糖可以在复杂的形状下迅速塑形。同样是利用蔗糖的物理特性，荷兰的Aadvander Geest开发了Colour Pod设备，用来打印各种色彩的小糖果。Colour Pod的打印过程跟任何粉末床技术一样，铺设粉料后用辊子压平，使用由水和少量乙醇制成的可食用油墨，通过如图7-6所示结构的装置喷射到由糖和糊精组成的粉末床上，逐层打印直到整个对象完成，最后将其取出，并使用一些胶水或者胶将其硬化。

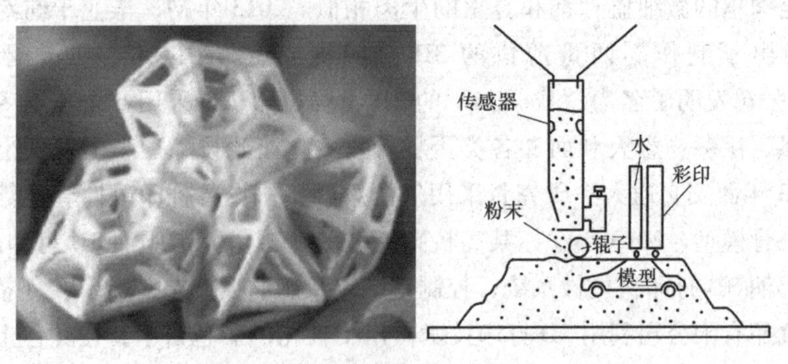

图 7-6　3D 打印糖制品和 Colour Pod 设备

7.5.2　熔融挤压成型

由于目前市面上出现的 FDM 设备多以 ABS、PLA 等丝材的进料方式，而作为可食用材料则要考虑其物理状态。早在 2010 年美国康奈尔大学的科研人员就研制出 3D 食物打印机，把奶酪和巧克力等食材“墨水”预先放进一组注射器内，再将注射器内各种食材“墨水”按照行列、层叠顺序依次“打印”出立体食物，打印过程如图 7-7 所示。

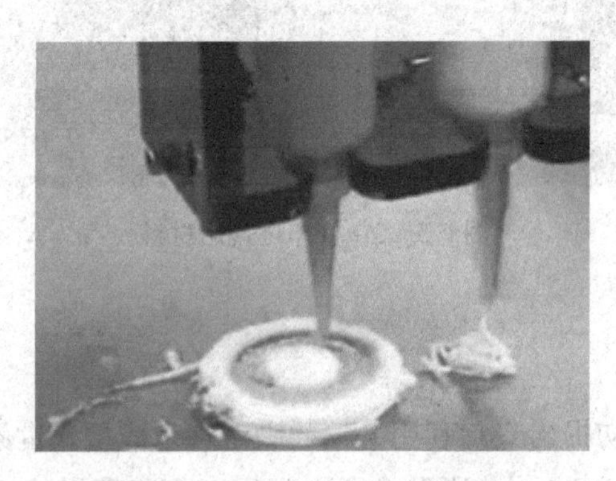

图 7-7　3D 食物打印机打印过程

经过多年的发展，国内外相继出现了各种关于食品打印的例子。2015 年德国知名的糖果制造商 Katjes 展示了其开发的世界上第一款软糖 3D 打印机“The Magic Candy Factory（神奇糖果工厂）”。2015 年杭州电子科技大学研究人员设计了基于气动控制的 3D 打印系统，调整温度、气压和速度等参数，将熔融蔗糖在 3D 打印机上打印，用来制备出复杂的组织工程支架，所做研究为蔗糖材料应用于医学组织工程领域奠定了基础。2016 年浙江大学研究人员将 FDM 工艺与活塞杆挤出功能结合，将黏弹性面粉材料挤出成型为不同形状。

2015 年，由赖斯大学和宾夕法尼亚大学的科学家组成的一支生物工程团队使用糖玻璃和硅胶 3D 打印出一种基本的血管系统，通过逐层 3D 打印糖玻璃，成型为一种格子状的血管，硬化之后用作硅胶模具，最终形成血管灌注通道。此结构具备与器官移植相关的一些关键特性，形成的灌注通道完全经受得住血液产生的生理性压力，并且通畅地流动 3h。虽然这项研究成果暂时不能直接用于医疗行业中，但突破了 3D 打印可移植器官和组织的研究瓶颈，可能以后外科医生就可以将动脉与人工组织相连接。

7.5.3　选择性烧结

得克萨斯大学奥斯汀分校的 Windell Oskay 制作了一台简易的白砂糖打印机，该设备与 SLS 设备类似，不同之处就是加热源采用一个狭小、定向运动、低速的热风枪，通过电动机控制二维运动平台的运动，来控制热风枪扫描路径，使白砂糖有选择地熔融，逐层打印。此方法被称为选择性热风烧结。打印出的模型呈焦糖色，表面比较粗糙。

2014 年杨来侠等研究了选择性激光烧结蔗糖工艺，对蔗糖的物化材料性质和影响选择性激光烧结的成型因素进行了分析。利用 SLS-300 成型机进行试验，制作出蔗糖模型，并对烧结过程中所需要的工艺参数进行了探索与整理，图 7-8 所示为 SLS 的成型原理以及以蔗糖为原料的马模型。

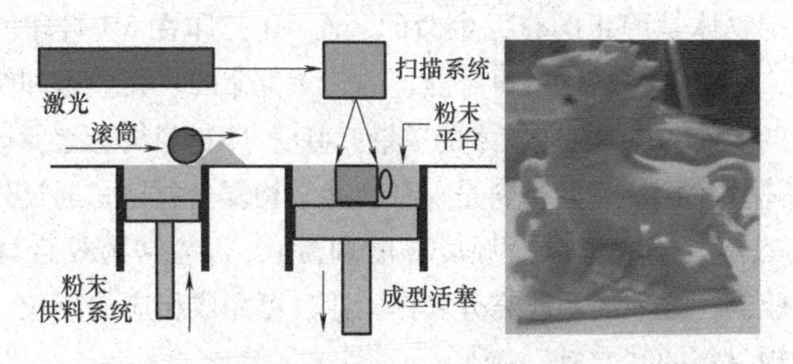

图 7-8　SLS 的成型原理以及以蔗糖为原料的马模型

3D 打印可食用材料不仅可以应用到食品行业，而且可以拓展到艺术、医学甚至航空领域。源于民间糖画的启发，3D 打印技术逐步取代糖画进入工艺品领域，也从最初的二维模型升级到三维模型。应用人群范围也再无局限性，从儿童到年轻人，甚至对于老年人的专有食物，通过添加每个人所需要的特有营养物质，量身定做利于自己身体健康的产品。不仅如此，此技术还可以应用至医疗行业，如利用由糖、玉米糖浆和水构成的糖玻璃来打印生物血管网模板，恰巧是利用了其材料的生物相容性和可溶解性。并且在工业领域可以利用糖颗粒在温水中溶化的性质，与树脂材料混合来打印多孔聚合物，同时因为糖的透明度、低成本和来源广泛的特性，在电影和舞台剧中，糖也被用来模拟玻璃等，达到逼真但对人无害的效果。单一材料的不断拓展，多种材料的组合都会极力地推动 3D 打印可食用材料的应用范围。

针对膳食不平衡的问题，现代人更具个性化的饮食习惯以及产业的多元化，将可食用材料与 3D 打印技术结合起来是必然之选。利用现有的材料搭配出更具膳食平衡的配方表，满足不同个体的需求。并且进一步研发出适合多种材料的 3D 打印设备，针对不同打印材料分析总结出其特有的工艺参数。对于 3D 打印的物品，不仅能够个性化制作，更能够在一定程度上节省劳动力，提高工作效率，这对社会进步有着一定的推动作用。可食用材料的 3D 打印成品不仅给食品行业开辟一条新道路，更能延伸到其他各个领域。相信可食用材料的 3D 打印技术能够在以后的生活中发挥更大的作用，甚至改善人类的生活。

7.6 4D 打印材料

4D 打印是指采用 3D 打印加工所得的三维物体，在特定的环境和激励下（如电、光、磁、水、热及声音等），其物理特性及功能（结构、形态、尺寸等）可以随时间的变化而发生自我转变。4D 打印是 3D 打印的进一步发展和完善。3D 打印所加工出的物体是静止的、无生命的。而 4D 打印在 3D 打印的基础上增加了时间的维度，所得到的物体不再是静止的、无生命的，其形态和结构是随时间发生动态变化的。作为 4D 打印技术的关键，4D 打印材料极为重要。

4D 打印所使用的 4D 打印材料是一种智能结构复合材料，通过外界环境的刺激（如受到电磁场、温度场以及湿度等的刺激），智能结构复合材料能够将传感、控制以及驱动三方面的功能充分发挥，并且可完成相应的反应，即在一定的条件下能够实现材料的“自动”变形。

形状记忆聚合物材料（Shape Memory Polymer，SMP）是一种在外界环境刺激下可发生主动形状变化的智能材料。基于这种智能材料的可变形结构在航空航天、生物医学等诸多领域显示出了巨大的应用潜力。但传统加工工艺限制了这种智能结构设计的复杂性和灵活性。4D 打印技术作为智能材料的增材制造技术为形状记忆聚合物材料的进一步发展提供了新的契机。同时，4D 打印形状记忆聚合物材料结构的实现为柔性电子、智能机器人、微创医学等高科技产业带来了全新的、更具智能化的发展方向。目前常用于 4D 打印 SMP 的方法主要有熔融沉积技术（FDM）、立体光刻成型技术（SLA）、聚合物喷射技术及直写打印技术。

参考文献

[1] 徐润. 碳纳米管增强铝基复合材料的微结构调控与强塑性研究 [D]. 上海：上海交通大学，2019.

[2] 商赢双. 多壁碳纳米管/石墨/聚醚醚酮复合材料的制备及其摩擦性能的研究 [D]. 长春：吉林大学，2018.

[3] MONIKH F A，GRUNDSCHOBER N，ROMEIJN S，et al. Development of methods for extraction and analytical characterization of carbon-based nanomaterials (nanoplastics and carbon nanotubes) in biological and environmental matrices by asymmetrical flow field-flow fractionation [J]. Environmental Pollution，2019，255 (2)：1109-1123.

[4] 黄秀，刘倩，江桂斌. 碳纳米材料分析方法的研究进展 [J]. 分析科学学报，2019，35 (06)：701-710.

[5] 张靖宇. 石墨烯与天然高分子复合吸附剂的制备及在印染中的应用 [D]. 石家庄：河北科技大学，2019.

[6] 赵颖. 常压非平衡等离子体制备石墨烯基复合材料及其电化学性能研究 [D]. 合肥：中国科学技术大学，2020.

[7] 李昊，魏杰，张亚男，等. 石墨烯基复合材料阻隔性能的研究进展 [J]. 功能材料，2020，51 (12)：12036-12044.

[8] 韩崇，孙亚奇，谢长清，等. 磁性纳米石墨烯复合材料制备与应用的研究进展 [J]. 化工新型材料，2019，47 (S1)：6-10.

[9] 褚雪松. 3D食品打印关键技术研究 [D]. 银川：宁夏大学，2016.

[10] 周纹羽，李哲，路飞，等. 三维打印技术在食品加工领域中的应用 [J]. 农业科技与装备，2016，12：63-66.

[11] 丁易人. 基于挤出成型的食材3D打印工艺研究 [D]. 杭州：浙江大学，2017.

[12] DROLET A B，DUSSAULT M A，FERNANDEZ S A，et al. Design of a 3D printer head for additive manufacturing of sugar glass for tissue engineering applications [J]. Additive Manufacturing，2017，15：29-39.

[13] 杨来侠，洪浩鑫，姚旭盛，等. 选择性激光烧结蔗糖工艺实验研究 [J]. 激光技术，2015，39 (1)：114-118.

第 8 章　典型 3D 打印应用

随着 3D 打印技术和商业应用的发展，大批量、个性化定制将成为重要的生产模式。3D 打印与现代服务业的精密结合，将衍生出新的细分产业和新的商业模式，创造出新的经济增长点。3D 打印技术发展带来的产品技术、制造技术与管理技术的进步使企业具备快速响应市场需求的能力，特别是形成了能适应全球市场上丰富多样的用户群的需求，实现远程定制、异地设计、就地生产和销售的协调化新型生产模式，使生产模式、商业模式等多个方面发生根本性的变化。下面列举几类常见的 3D 打印典型应用案例。

8.1　金属 3D 打印典型应用

金属 3D 打印机的问世对传统 CNC 制造加工来说是一大重要补充。随着金属 3D 打印机在生产车间的应用中变得越来越普遍，对于金属加工制造相关企业来说，更加注重以实际生产应用为核心价值的导向。正如工程师应了解哪些零部件最好使用水刀而不是三轴铣刀进行加工一样，现在同样也需要知晓哪些零部件非常适合利用金属 3D 打印机来生产加工。

想了解如何正确使用金属 3D 打印机的第一步是了解金属 3D 打印的基本优势。以下三大优点是金属 3D 打印成功应用的根源。

1）设计自由度。具有复杂几何构造的零部件在传统 CNC 加工制造过程中，经常由于其复杂性而带来了很多额外的制造成本。因此，在遇到复杂结构的零部件时会因为加工工艺问题被迫修改技术图样来妥协，传统制造只能成为一些简单规则形状的规模化生产方式。然而，在使用金属 3D 打印机后，生产复杂几何构造的零部件变成了可能。

2）无须额外固定工具。3D 打印零部件无须额外固定工具，这使得生产制造商能够以最小的开销和精力创建零件，大大降低了单个零件的成本，从而实现小批量生产。此外，当辅助工具成本不再是限制因素时，生产制造商可以对外承接更多的工作。

3）自动化。大多数传统制造过程中需要有专业工人全程跟踪监控，以确保零件生产过程中不会出现技术故障。例如：传统加工零件时，必须先在 CAM 软件中进行设计修改，然后再发布到车间进行生产。相反，金属 3D 打印机会自动从三维设计文件中提取数据直接传输到 3D 打印机中制作零件。

8.1.1　航空航天应用

根据 3D CAD 统计数据，法国航天中心依靠 3D Systems 企业生产制造的第 6 款金属 3D 打印机 ProX DMP 320，应用粒子束，在氩气氛围保护下，对镍铬合金基超耐热合金 LaserFormNi718 粉末自上而下熔化，为中小型通信卫星液体火箭发动机打印出多个可重复使用的雾化喷嘴。该技术可将 30 多个零部件融合为 1 个一体式构件，使得整体质量减少 10%，柴油发动机混合点燃效率明显提升。

除此之外，在美国宇航局以液体甲烷气体为燃料的火箭发动机检测中，对比减材生产制造加工工艺需要零配件数降低 45% 的 3D 打印版增压泵可产生 441kW 的驱动力，1min 内向柴油发动机的燃烧室提供 600USgal㊀半超低温高压液体甲烷气体，用于保证柴油发动机产生超出 10250. 83kgf㊁的推力。

在空客 777 装用的 GE90-94B 喷气发动机中，T25 制冷压缩机通道温度感应器的机壳选用 3D 打印增材制造加工工艺，对钴铬合金的超微粒粉末开展自上而下熔化而成，既轻巧又牢固。在国内干线民用型大型飞机 C919 上，不但装了自主产权的 3D 打印版钛金属中央翼缘条，还在登机门、服务门及前后左右客舱门等处安装了 23 个 3D 打印版钛金属零配件（图 8-1），使机舱门件的生产制造由传统的锻造工艺升级为立即金属增材制造，并解决了钛金属大中型厚壁件普遍存在的应力裂开和型面变形等难题。

图 8-1　金属 3D 打印飞机关键零部件

㊀ 1USgal = 3. 78541dm^3。——编辑注

㊁ 1kgf = 9. 8N。——编辑注

8.1.2 汽车行业应用

在机械制造业内，金属 3D 打印不但被用于轮胎模具的生产制造，还用于生产加工独特传动齿轮旋钮、钥匙链等零配件。米其林集团公司选用法孚集团公司研发的 Fives 5 轴激光器管理中心，开展 MICHELIN CrossClimate+轮胎模具的 3D 打印。Fives 5 轴激光器管理中心及轮胎模具如图 8-2 所示。

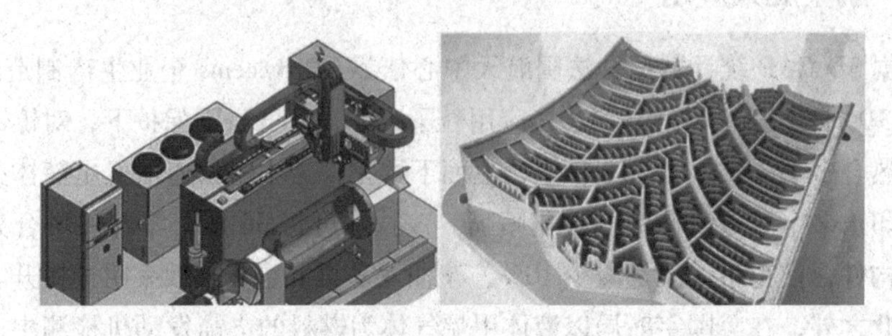

图 8-2 Fives 5 轴激光器管理中心及轮胎模具

吉凯恩等企业选用惠普的金属 3D 打印机加工工艺 HP Metal Jet——三维立体黏合剂喷射成型，为大众汽车配套设施生产制造了换档杆、个性定制版钥匙链、柴油发动机指形从动滚轴、方格支撑点式轻量传动齿轮等金属型零配件，如图 8-3 所示。

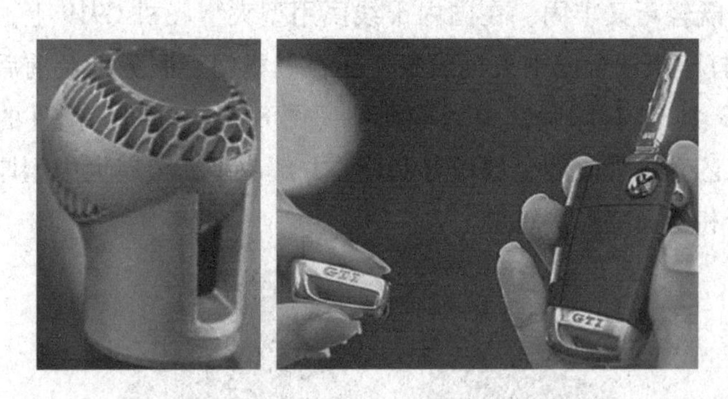

图 8-3 惠普 3D 打印的汽车用金属型零配件

HP Metal Jet 是在底层铺上一层薄薄的超微粒金属后，热喷墨打印机打印喷嘴穿透该层并喷涌黏合剂——水性高聚物液体剂，黏合剂经毛细相互作用力渗入金属粉（0.5~20μm）空隙呈联合分布，并在高温辐照下将粉末状颗粒物熔拼在一起变成固态块，有机溶剂部分蒸发，自上而下打印直到完毕，取下零部件后置于炉中煅烧。HP Metal Jet 采用 4 倍于普通打印设备的冗余喷头和 2 倍打印杆，使打印零部件的相对致密度超过 93%，生产率大幅度提高，黏合剂使用量显著降低。

8.2　光敏树脂 3D 打印典型应用

SLA 工艺（光固化）原理为光谱中能量最高的紫外光产生的活化能，能够使不饱和聚酯树脂的 C—C 键断裂、产生自由基，从而使树脂固化。当不饱和聚酯树脂中加入光敏剂后，用紫外线或可见光作为能源引发，能使树脂很快发生交联反应。故 SLA 工艺的材料就是光敏树脂，需要装满整个材料槽，主要工作设备是激光器和振镜，振镜通过计算机控制的偏振把激光器发出的紫外光照射到规定的材料槽液体表面上使其固化，模型事先被计算机均分成 N 个切片，每个切片可看作一个二维平面，固化完一个切片平面，网板会带着模型下降到下一个切片平面，以此类推直至打印完成。

SLA 3D 打印相对于其他 3D 打印工艺有打印形状广泛、成型速度快、精度高、表面光洁度好等特点，应用的领域几乎包括了制造领域的各个行业，在医疗、人体工程、文物保护等行业也得到了越来越广泛的应用。目前主要是应用于新产品开发的设计验证和模拟样品的试制上，即完成从产品的概念设计→造型设计→结构设计→基本功能评估→模拟样品试制这段开发过程。对某些以塑料结构为主的产品还可以进行小批量试制，或进行一些物理方面的功能测试、装配验证、实际外观效果审视，甚至将产品小批量组装先行投放市场，达到投石问路的目的。

主要行业的应用状况如下。

1）汽车、摩托车。外形及内饰件的设计、改型、装配试验，发动机、气缸头试制。

2）家电。产品外形与结构设计，装配试验与功能验证，市场宣传，模具制造。

3）通信产品。产品外形与结构设计，装配试验与功能验证，模具制造。

4）航空、航天。特殊零件的直接制造，叶轮、涡轮、叶片的试制，发动机的试制、装配试验。

5）轻工业。各种产品的设计、验证、装配，市场宣传，玩具、鞋类模具的快速制造。

6）医疗。医疗器械的设计、试产、试用，CT 扫描信息的实物化，手术模拟，人体骨关节的配制。

7）国防。各种武器零部件的设计、装配、试制，特殊零件的直接制作，遥感信息的模型制作。

8）精密铸造。由于光固化快速成型设备使用的液态树脂是由碳、氢、氧等元素组成的高分子材料，在700℃以上的温度下，可以完全烧蚀，没有任何残留物质，对于失蜡法制造精密铸造模型来说，这是一个非常重要的性能。目前在珠宝行业可代替人工雕蜡过程，大大提高了成型件的精度和效率。

8.2.1 工业应用

利用 SLA 3D 打印机与传统的精密铸造紧密衔接，可以给工业零部件的产品试制阶段或小批量生产提供无模具生产工艺。因此可设计、制作出更复杂的结构，特别适用于定制化产品和全新型产品，如图 8-4 所示。

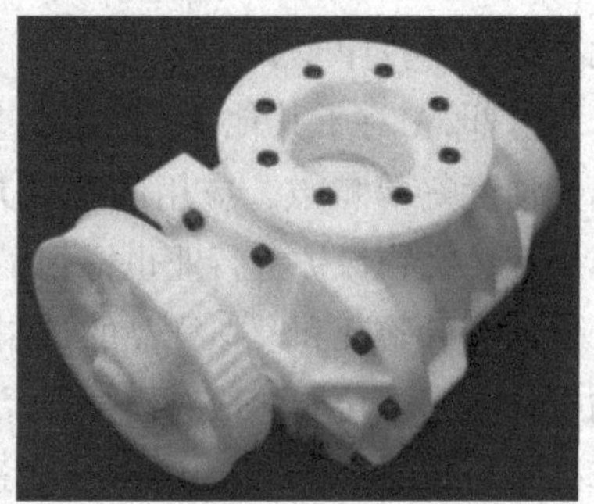

图 8-4　工业零部件 SLA 成型

8.2.2 建筑行业应用

传统的建筑模型一般采用手工制作而成，使用卡纸、KT 板、木板、塑料棒、透明胶片、PVC 板等材料，缺点是工艺复杂、耗时较长、人工成本过高、细节精度低等。

利用 SLA 3D 打印能一步成型，完美呈现建筑设计师的建筑创意，方便省时，还能节省费用，避免了雕刻楼房部件、整体组合等多道程序，如图 8-5 所示。花费的成本只有过去的 30%，节省了超过 60%的时间，而且能避免因为人为加工造成的失误，并且能突破传统加工对形状的要求和限制。很多建筑设计师都利用 3D 打印建筑模型来直观地观察模型，通过对 1∶1 的实物模型的检查也能及时修改设计。

图 8-5　SLA 成型建筑模型

8.2.3　教育行业应用

教育行业的应用分为 3D 打印教学应用、3D 打印教学辅具应用和 3D 打印科技创新项目比赛用品应用。SLA 成型教学用具如图 8-6 所示。

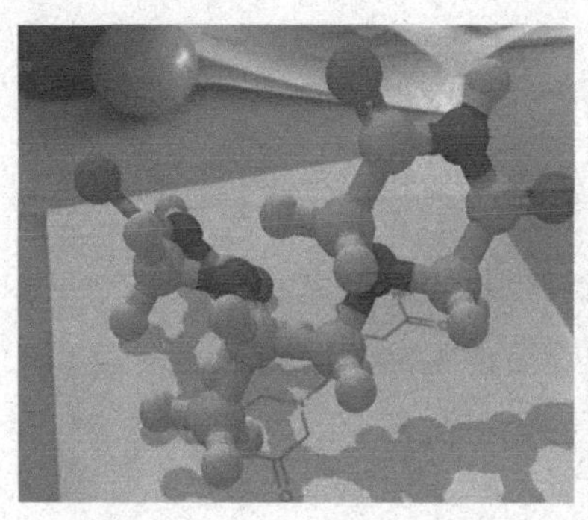
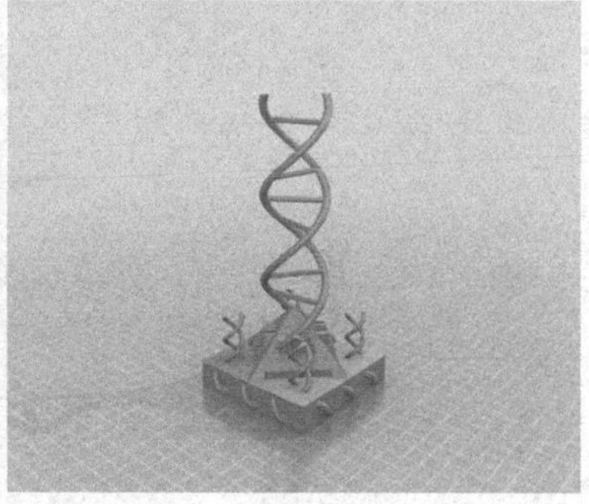

图 8-6　SLA 成型教学用具

纯粹的理论学习会使学生感到枯燥无趣，教育需要更多让孩子们接触、感知和体验未来的新兴技术，培养学生的创新思维能力，使他们更好地适应时代的发展。3D 打印技术的普及为学校的创新教育提供了新的视角和技术支持；3D 打印高端人才的培养也成了至关重要的一环。

参 考 文 献

[1] 段玉岗，王素琴，卢秉恒. 用于立体光造型法的光固化树脂的收缩性研究 [J]. 西安交通大学学报，2000，34 (3)：45-48，59.

[2] YIN X W, TRAVITZKY N, GREIL P. Three-dimensional printing of nanolaminated Ti_3AlC_2 toughened $TiAl_3$-Al_2O_3 composited [J]. Journal of the American Ceramic Society, 2007, 90 (7): 2128-2134.

[3] LIU Y X, CUI T H. Polymeric integrated AC follower circuit with a JFET as an active device [J]. Solid State Electronics, 2005, 49 (3): 445-448.

[4] 刘海涛. 光固化三维打印成形材料的研究与应用 [D]. 武汉: 华中科技大学, 2009.